女孩要有好气质

成就女孩一生优雅的气质修炼法

★ ★ ★
董亚兰　郭志刚

编著

北京理工大学出版社

BEIJING INSTITUTE OF TECHNOLOGY PRESS

图书在版编目（CIP）数据

女孩要有好气质：成就女孩一生优雅的气质修炼法 / 董亚兰，郭志刚编著 .—北京：北京理工大学出版社，2018.8
ISBN 978-7-5682-5936-1

Ⅰ.①女… Ⅱ.①董… ②郭… Ⅲ.①女性—气质—青少年读物 Ⅳ.①B848.1-49

中国版本图书馆 CIP 数据核字 (2018) 第 166586 号

出版发行 / 北京理工大学出版社有限责任公司

社　　址 / 北京市海淀区中关村南大街 5 号

邮　　编 / 100081

电　　话 / （010）68914775（总编室）
　　　　　（010）82562903（教材售后服务热线）
　　　　　（010）68948351（其他图书服务热线）

网　　址 / http://www.bitpress.com.cn

经　　销 / 全国各地新华书店

印　　刷 / 三河市华骏印务包装有限公司

开　　本 / 880 毫米 ×1230 毫米　1/32

印　　张 / 6.25　　　　　　　　　　　　　责任编辑 / 田家珍

字　　数 / 130 千字　　　　　　　　　　　文案编辑 / 田家珍

版　　次 / 2018 年 8 月第 1 版　2018 年 8 月第 1 次印刷　　责任校对 / 周瑞红

定　　价 / 25.00 元　　　　　　　　　　　责任印制 / 施胜娟

女孩爱美，仿佛是天生的。当小男孩们沉迷于玩泥巴、追逐打闹不可自拔的时候，小女孩们却沉浸在过家家、穿衣装扮这样的"爱美"游戏里。

就好像每个女孩的内心都有一座城堡、一座漂亮的花园，她们喜欢躲在自己的城堡里打扮自己，喜欢花园里盛开的花、怒长的草，喜欢把最美丽的事物都握在手里，渴望自己变成城堡里的公主，拥有迷人的高贵的气质。

与此同时，女孩的内心又是细腻敏感的。随着年龄的增长，她们不再满足于只是把自己打扮得漂漂亮亮的，更渴望自己拥有非凡的气质，从内而外地成长为一个拥有无限魅力的人。

是的！气质、魅力，这时候的女孩已经开始关注这些"高深"的话题了。她们开始无限向往未来的生活，希望能够拥有想象中的如童话般美好的生活，想让自己成为一个智慧与美丽并存的迷人女性。为了实现这一目标，女孩们开始了自我修炼，她们付出无数的辛苦和血泪，就是为了成为有气质的优秀女性。

很多女孩都知道要做气质女性，而什么是气质、该如何培养自己的气质，却完全没有头绪。所以，女孩们开始自己摸索，东一榔头西一榔头地去挖掘、寻觅，为了有气质，学着去优雅地生活；为了漂亮，学着化妆打扮自己；为了出众，学着在人群中表现自己……

那么，这些行为真的是正确的吗？什么才算是优雅的生活？化妆打扮真的就能彰显女孩的独特气质吗？如何表现才能让自己在人群中受欢迎呢？种种问题，其实都盘旋在女孩的脑海里，挥之不去。她们不停 地在摸索，不停地去寻找这些问题的答案，但往往有一些女孩在成长的道路上走错了方向，理解错了气质女孩的真谛。听到别人说女孩要优雅地生活，就去学着过"优雅"的生活；看到别人穿红色衣服漂亮就跟着穿一模一样的衣服；听说艺术能为气质加分，就今天学音乐、明天学美术……

结果，这些努力并不一定会为女孩提升多少气质，反而有可能会闹出许多笑话来。

那么，女孩到底应该如何提升气质，做个魅力美人呢？不要急躁，打开这本书，我们带你走进气质的世界，探索气质的秘密，帮助你培养自己的气质，进而变成魅力十足的女性。

本书为女孩提供了各种贴心服务，针对女孩关心的气质问题进行了专门的解答，并结合鲜明真实的事例帮助女孩理解什么是美、什么是气质，让其在增长知识的同时做一个优雅的、坚强的、品德高尚、有才华、懂艺术、懂礼仪的高情商淑女，顺利培养出属于自己的高贵形象和典雅气质。

编　者

目录
CONTENTS

第四章

明德惟馨——美德给女孩清雅脱俗的气质

第五章

腹有诗书气自华——冰雪聪明的女孩更迷人

第六章

窈窕淑女人人夸——温文尔雅才是真淑女

第七章

艺术让气质与众不同——做一个品位高雅的女孩

第八章

气质其实藏不住——女孩的气质体现在一言一行中

第九章

衣品见气质——天生丽质也要会穿搭

第十章

淡妆浓抹要相宜——会装扮为女孩锦上添花

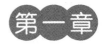

蕙质兰心，你永远是焦点

——气质是女孩最好的名片

气质是每个女孩都想拥有的代名词，也是每个女孩都想获得的"技能"。气质女孩优雅自信，拥有良好的品德，懂自己，懂生活，永远知道自己在做什么、要成为什么样的人。女孩要想成为一个有好气质的人，就要如此——变成一个优雅懂生活的人，永远保持真我，做最独特的自己。

做永远优雅的女孩

优雅常用来形容女孩的行为举止。当一个女孩的行为优美雅致，带给人一种赏心悦目的感觉时，我们常会说："看！这个女孩真优雅。"优雅是一个女孩应有的气质，是女孩从容生活的一个起点。但是，现在的社会，很多女孩离优雅越来越远了——行为莽撞，举止粗鲁，别说精致典雅了，连最基本的干净整洁都做不到。

☆☆☆

赵文婷是一名初中女生，名字听起来亭亭玉立，让人不由得联想出一个气质优雅的小姑娘。但每个第一次见到她的人都会大吃一惊，都有种"可惜了这么好听的名字"的感慨。

原来，赵文婷一点也不像她的名字那样典雅别致，她整个就是一个邋遢的"假小子"。

每天，赵文婷都穿得邋邋遢遢，连她的父母都看不下去。

"文婷，你今天又玩什么了？怎么把衣服弄得这么脏？"爸爸皱着眉头问。

赵文婷张开双臂看了看身上的衣服，不以为意道："脏吗？我觉得还好啊，就是腿角蹭了点泥，衣服袖子也沾了点泥，拍拍就掉了。"

"你是个女孩，怎么能这么邋遢，一点气质也没有呢？快去换一件干净的衣服。"妈妈也很头疼，她和丈夫都很爱干净，注重生活的品质，怎么女儿就这么毫不讲究呢？

"马上就吃饭睡觉了，现在换什么衣服啊。"赵文婷嫌麻烦，索性没洗手就坐到了饭桌前。

"去洗手。"妈妈说。

"我手很干净，快开饭吧，我饿坏了。"她一边说着，一边把手往菜盘子里伸，这样不讲究的行为让父母直皱眉头。

爸爸说："你就算不懂什么是优雅，最起码的卫生和礼仪应该懂吧，谁让你用手抓饭的！"

"真麻烦！算了，不吃了，每天就知道唠唠叨叨的。"赵文婷烦躁地站了起来："我就是一个普通女生，再优雅也不会变漂亮。"

爸爸生气地说道："你这是什么态度？你就是这样面对自己的错误的吗？"

"我有什么错误，一直是你们看我不顺眼。"赵文婷扭头就走。

妈妈无奈地叹气道："怎么一点女孩该有的样子都没有！"

☆ ☆ ☆

优雅是一种生活态度，也是对自己的一种认可和尊重。在世人的眼中，优雅的女孩更有内涵、更有气质，也更受欢迎。像故事中赵文婷这样的女孩有很多，她们错误地认为优雅只是漂亮女孩才应该具有和学习的。其实，优雅并不是漂亮女孩的专利，有时候，一个外表普通、举止优雅的女孩比一个外表漂亮、行为粗鲁的女孩更受欢迎。女孩不能以颜值为标准来判断自己是否要做一个优雅的女孩。

对于优雅的女孩，我们有一大堆美好的词汇来形容，比如，我们会把优雅的女孩比喻为百合花，清香脱俗。但是优雅并不是女孩天生就有的，而是通过她们后天的努力而养成的。

☆ ☆ ☆

刘静是一个很爱笑的女孩，无论何时何地遇到什么人或什么事，她都能保持微笑，面对一切。

有一次，刘静去菜市场帮妈妈买菜，遇到一位腿脚不方便的阿姨。

菜市场的过道本来就窄，阿姨还慢悠悠地行走在路中间，后面的人根本没法过去，只能被迫跟在后面。

有一位青年想超过去，但又怕冲撞到阿姨，于是又急又气。

刘静微笑着走过去，对青年说："大哥哥，您别急，阿姨身体不好，这条路也不远，一会儿咱们都能过去。您可以先在路边看看有没有需要买的瓜果蔬菜，时间很快就过去了。"

听了刘静的话，青年忍住了怒火，说道："你倒是个好心的小姑娘，那我就先去旁边店里买条鱼吧。"

"谢谢大哥哥了。"刘静高兴地说。

"你这小姑娘可真奇怪，你谢我什么啊？"说完他便去了旁边的海鲜店。

前面的阿姨听到了刘静和青年的谈话，本来以为他们会来找麻烦，谁知道刘静不仅不生气，反而向着她说话，于是她有些惭愧地转过了身。

阿姨说："小姑娘，你可真是个好姑娘。"

"您身体不好，给您提供一些方便是应该的。"刘静马上说道。

阿姨听了她的话，像是找到了知音，突然拉着她说起了"知心话"。

刘静始终微笑地听着，偶尔回应两句。虽然她也着急买菜，但从没打断阿姨的话。

阿姨说了一大通话，心里也舒坦了，这才不好意思地笑道："嘿！我今天竟然跟你这个小姑娘抱怨了这么多，你一直都在认真地听，真是个温柔的好孩子啊。"

"阿姨，谢谢您的夸奖。"刘静不好意思地低下了头。

"我说的都是大实话，你这孩子好，优雅，有气质，阿姨喜欢。"又聊了两句，阿姨才想起刘静是来买菜的，于是连忙道歉，让她去买东西了。

受到了夸奖，刘静心里也是美滋滋的，回到家就自豪地告诉妈妈，今天有人夸她优雅有气质了。

☆ ☆ ☆

有时候，当一个看起来很普通的女孩和一个相貌出众的女孩走在一起时，一开始，大家可能会被相貌出众的女孩吸引，但接触一段时间后，会发现普通的女孩更有吸引力，这是怎么回事呢？这就是气质所起的作用。

气质是什么呢？气质是一个人的心理特征之一，是一个人在行为举止中所表现出来的涵养。每个人在刚出生的时候都会有不同的先天气质表现，或安静，或吵闹，这是最基本的个人气质表现。随着女孩的成长，气质会在更多的方面表现出来，比如，衣着打扮、性格涵养等，这些都是可以在后天进行培养的。很多时候，女孩幼时的优点就是她长大成人后的气质，有些女孩落落大方，有些女孩经常微笑，有些女孩真诚待人。拥有这些优点的女孩，会让人产生亲切感，让人觉得她们是有气质的、优雅的女孩。

优雅是女孩最应表现出来的个人气质。那么，如何表现才能算是一个优雅的女孩呢？

首先，女孩要学会微笑待人。不管在什么时候，女孩都要从容不迫地面对人、事、物，用微笑面对他人，客气待人，经常把"你好""谢谢"等礼貌用语挂在嘴边。俗话说"礼多人不怪"，想要做一个优雅的女孩，就一定要更好地培养自己的文明礼仪，给他人留下一个良好的印象。

其次，优雅的女孩要学会认真倾听他人的讲话，当自己做错事的时候，要及时向对方道歉。会倾听的女孩总是比乱插嘴说话的女孩更能让人感到舒心愉快。当别人在说话的时候，女孩一定要表现出对话题感兴趣的模样，认真倾听对方的讲话。当女孩的某些行为使对方感到不愉快时，或在做错什么事情的时候，要对自己的不当行为表示道歉，常把"对不起"挂在嘴边。

优雅有很多种，不是单一地说怎么做就一定能成为优雅的女孩。在以上两点基础上，女孩一定要不断提高自己的涵养，先让自己成为一个受欢迎的人，再慢慢培养自己的优点，等女孩长大成人后，这些优点就会转变为优雅，就会成为女孩特有的符号，陪伴女孩一生。

品质是气质的基础

气质是一个很笼统的形容词，当我们见到一个女孩时，会下意识地先从女孩的外在表现来形容，比如，形象脱俗、举止有礼，我们就会说这个女孩很有气质。但这并不是说气质只靠外在就能体现出来，气质还要内修。一个只有光鲜亮丽的外表却没有内在品质的女孩可能会给人留下眼前一亮的感觉，但绝不会成为一个受人欢迎的气质女孩。只有外在的良好形象加上内在的高尚品质，才能成就一个完美的气质女孩。

☆ ☆ ☆

文丽从小就长得漂亮，而且很讨人喜欢。她从小听到最多的话就是："文丽以后肯定能成为一个气质美女。"

因此，文丽从小到大都很爱打扮自己，想让自己变得再优雅一点，再漂亮一点。为了达到这个目标，她一直都很关注时尚趋势，最潮的穿衣风格、最新的时尚宝典，她都十分了解。

这一天，文丽看到一篇时尚报道，里面有一套裙子穿在模特身上特别有气质，她想象这套裙子如果穿在自己身上会是多么漂亮，她心动不已，一回到家就向妈妈要钱，想要买这样一套裙子。

"你不是已经买了很多裙子了吗？怎么还买？"妈妈问。

文丽不耐烦地回答道："这套裙子好看啊，妈妈，你快拿钱，我明天就去买。"

明天正好是周末，文丽已经迫不及待地想要赶去商场了。

"要多少钱？"妈妈无奈地叹了口气，准备去拿钱给女儿。在衣食住行方面，只要不是太离谱，妈妈都会尽量满足她的要求。

"网上报价是七百多，你多给我点，我想再买双鞋。"文丽说。

"什么？"妈妈一听价格吓得大喊出声："什么裙子要这么贵？你平时一二百元的裙子不是也很漂亮吗？为什么非要买这么贵的？"

"妈妈你懂什么啊！"文丽挺起胸脯说道："贵的衣服才漂亮，才更能彰显出我的气质啊！"

"小小年纪懂什么？臭美就是有气质了？不行，这次不能买了，你现在还是学生，没必要穿这么贵的衣服。"妈妈说完，把拿出来的钱又放回了钱包。

文丽气得直跺脚，却也没办法。

☆ ☆ ☆

穿得好、穿得贵、穿得漂亮就是有气质了？非也。穿着得体可以提高女孩的气质，但并不代表女孩可以过分地追求"奢侈品"。在什么样年龄，就要有什么样子。女孩不能像故事中的文丽一样，为了让自己看起来有气质一些，而提出一些过分的要求，进行一些不适宜的追求，这样做并不能提高女孩的气质，反而会让人对女孩产生一些误解。比如，认为女孩比较物质，很可能会被贴上"拜金女"的标签。

女孩不要太在意自己的穿着是否名贵，只要大方得体，一样可以穿出不一样的气质来。重要的是，女孩要培养自己的内在品质，要从内到外提高自己的品质，女孩要知道，品质才是气质的基础。

☆ ☆ ☆

刘小花和王思思是邻居，也是同班同学。

刘小花从小就是家里的娇娇女，因为长得漂亮可爱，总是能收获很多的赞美，而王思思长得一般，顶多被人夸一句文静。

随着两个人的年龄增长，都到了爱美爱打扮的年纪。刘小花早早地就学会了化妆，学校禁止化妆，她就把目光放在了穿着上，经常穿一些时髦的衣服去学校，还因此结交了不少朋友。但渐渐地，这些所谓的朋友都远离了她，背后说她太"假"。

"切，一群乡巴佬，不懂得欣赏时尚。"刘小花嘴一撇，就开始骂起那些"背叛"她的同学。

有同学听到她口吐脏字，骂骂咧咧地，就上前理论，刘小花不仅不道歉，反而和对方争吵了起来。

王思思身为女孩自然也爱美，但她并没有过分追求时尚，而是选择一些适合自己穿戴的衣服，把自己收拾得干净利落，说话温声细语，从来不和同学们生气争吵，就算有矛盾，也是尽量理论，从来没有说过脏话。这让她的朋友越来越多，大家都夸她是个有道德、有品质的好姑娘。

☆ ☆ ☆

何谓品质？

品质可指人，也可指物。女孩气质中所指的品质自然是指人，是一个人综合素质的体现，包括道德、知识、智商、健康等方面的状况。

女孩要有气质，就要提高自己的品质，做一个品德高尚、德智体全面发展的有志青年。女孩如何才能提高自己的品质呢？

首先，女孩要有得体的穿着。女孩不应过分在意自己的穿衣打扮，但也不能蓬头垢面、衣衫不整。有品质的女孩穿着虽然简单，但落落大方、干净整洁，会给人一种亲切感，让人心生好感。而在现实生活中，很多女孩却理解错误，过分追求品牌，以为穿大品牌的衣服就是有品质的人了。这样的行为在我们看来是不能获得理解和支持的。女孩还没有开始独立的生活，依靠父母的钱财支撑起来的"奢侈"生活并不是真实的，并不能真正提升女孩的品质。

其次，女孩要学会尊重自己和他人，不与人争吵，更不能口吐脏字。要做有品质的女孩，得懂得尊重他人，不能因为一点小事就和人争吵不断，更不能口不择言地说一些过分的话和脏字。想象一下，一个长相甜美的女孩本来给人的印象不错，但一张嘴就是满口的脏话，肯定会吓得大家不敢和女孩接触和来往。这样的女孩再漂亮又有什么用呢？相反，一个行为举止文明大方的女孩，即使她长相一般，相信也会有很多人愿意和她做朋友的。

自信的女孩最有气质

其实，到底什么才算作有气质，并没有一个十分准确的答案，气质所包含的方面太多，不能只凭一两个方面就断定一个人是不是有气质。女孩只能尽可能地培养自己的修养和内涵，让自己变得离气质女孩越来越近，所拥有的气质水平越来越高。而自信绝对是气质女孩必备的特征之一，自信的女孩更美丽，自信的女孩也更有气质。因此，女孩要从小昂首挺胸地生活。在任何时候，不管是顺境还是逆境，女孩都要自信地抬起头，勇往直前。

☆ ☆ ☆

王巧巧是个爱美的女孩子，越看自己越觉得美。听到别人夸自己漂亮的时候，她心里美滋滋的，别提多开心了。

可是这两天，王巧巧看着镜子里自己的脸，总觉得自己的脸型不是特别的好。她一会儿摸摸鼻子，一会儿捏捏脸蛋，越看越觉得不完美。

王巧巧变得很不开心，这个时候，有个同学走过来，突然对她说："巧巧，你最近是不是生病了？额头上长了个痘痘，脸色也不太好。"

"啊？我长痘痘了？"她吓了一大跳，要用手去摸额头。

同学连忙制止了她，说："别用手摸，手上全是细菌病菌，小心毁容。"

同学的一句"毁容"把王巧巧吓坏了。她从镜子里看着那颗痘痘，感觉自己真的已经毁容了。

一天、两天、三天时间过去了，王巧巧额头上的痘痘不仅没有褪下去，还在脸颊上新长出了两颗。她一下子自卑起来，再也没有了往日神采奕奕的模样。

"巧巧，你在洗手吗？妈妈今天买了你最爱吃的西瓜，洗好手赶紧出来吃，很甜哟。"这一天，妈妈从厨房里端着一盘切好的西瓜走了出来，本以为王巧巧会高兴地跑过来，可没想到，看到的却是女儿把脸蒙在一面纱巾下，半天才走出来。

"巧巧怎么了？这是在表演节目吗？"妈妈问。

王巧巧摇摇头，伤心地说道："妈妈，我毁容了，我的脸见不了人了。"

说完，难过地哭了起来。

"哪有，我闺女最漂亮了。"妈妈连忙哄道，并拿了一块西瓜塞进了她的手里，"快吃，刚冰好，又甜又解暑。吃完西瓜痘痘就消掉了。"

"妈妈骗人，我肯定毁容了。"不管妈妈怎么说，她都坚信自己毁容了，既伤心又难过，好几天都不敢抬头走路。

后来，虽然王巧巧脸上的痘痘消失了，但从那以后，她好像失去了自信，总路走是低着头，一点气质也没有。

☆ ☆ ☆

女孩不能接受自己身上不完美的地方时，就很容易产生自卑的情绪，变得不自信。当女孩不自信时，从外貌形态就能看出来。比如，含胸驼背、低头走路、说话没有底气等，这些都是没有自信的表现。试问，当一个女孩说话畏首畏尾、总是不敢抬头看人和他人正常交谈的话，会给人一种什么感觉呢？自然会是这个女孩一点都不大气，没有气质可言。而一个说话办事挺胸抬头，处处流露出自信的女孩则会让人感觉大方得体，就算相貌普通，也会给人一种气质出众的印象。

☆ ☆ ☆

张玲兰升入初中后，开始觉得学习有压力了，同学们的学习都很好，虽然她每次都是死命地读书，却仍旧排在末尾，这让她很不自信，总觉得自己是个笨女孩。

一次考试，张玲兰竟然考了个不及格，这令她倍受打击。

"难道我真的是个笨蛋吗？"她难过得都快哭出来了。

"玲兰怎么了？这次没考好吗？"同桌看到她这么难过，就安慰道："我这次也没考好，这次老师出的题太难了，我有好几道大题都做错了。"

"我真的是太笨了。"面对同桌的安慰，她不但没有心情变好，反而更加沮丧了。

"我看看你都错在哪里了？"同桌一时也不知道如何安慰她，只好拿起她的试卷，想给她讲讲错题。但是刚打开她的试卷，同桌就激动地叫了起来："玲兰，最后一道大题你竟然会做？你好棒啊！"

"啊？最后一题？"张玲兰疑惑地看向卷面，小声说道："这道题很难吗？我，我只是想起了一个公式，就做出来了。"

"所以说，你一点都不笨啊，你只是缺乏自信，学习方法也不对，只要你对自己再多点信心，一定能提高成绩的。"同桌说。

"真的吗？"

"当然是真的。"

受到了同桌的鼓励，不久，张玲兰又受到了老师的表扬，这让她的自信心增加了一点，她更加用心地学习，并且试着寻找适合自己的学习方法。在下次考试中，她的成绩真的提高了很多。这下子，她更加有自信了。

☆ ☆ ☆

女孩永远不要轻视自己。要知道，这个世界上，没有谁是比不上谁的。女孩要自信地面对人生和各种挫折，这样才能活出自我、活出气质。

女孩要学会认识自己，只有充分地了解自己，才能知道自己的优点和缺点，才能取长补短，自信地生活和学习。面对自己的缺点时，女孩不要沮丧，也不要放弃，这样只会让女孩否定自我，充满自卑心理。女孩要知道，人无完人，没有谁能做到真正的完美无缺，完美只是人们追求的一个理想目标，而不能完全以此作为对自己的要求标准。

女孩要学会接受自己的不完美，允许自己有缺点，但不能借此消极地对待生活和学习，要学会扬长避短，不断提高自己的能力、提高自己的自信心，逐渐成长为气质女孩。

会生活才能有气质

很多时候，女孩在联想到气质的时候，通常只会想到穿漂亮的衣服，吃精致的食物，会温柔地笑，会说好听的话等比较明显的表现。其实，气质所包含的内容很多，以上几种表现只是能一眼看出来的，还有很多和气质相关的内容是仅凭一两眼的印象而无法看到的。而很多时候，后者对提升女孩的气质也是很重要的。比如，会生活的女孩更能提升自己的气质。

☆ ☆ ☆

文馨是个很爱追求生活质量的女孩，虽然她还只是个初中生，但她在吃、穿、用上面就算不追求最好的，也要追求有品位的。

"什么算是有品位的生活啊？"文馨的朋友问她。

她眼睛一扫，说道："当然是有档次、有质量的生活啊。"

"我还是不明白。"朋友摇了摇头，满头雾水。

"这还不明白？比如说出去吃饭，你会去哪儿吃？"文馨问道。

朋友想了想，说："咱们学校街边就有好几家味道不错的小饭馆，去那里吃吧？！"

"看，这就是你和我的最大区别，我才不会去吃那些小饭馆呢，我要吃也要去大饭店吃，这才叫有档次的生活呢。别人一见我，肯定都会觉得我倍儿有气质，喜欢和我做朋友的。"她自豪地说道。

朋友听了她的说辞后，却摇头道："你这叫什么会生活啊？咱们是学生，就该有学生的样子，档次是自己修出来的，怎么可能靠吃一顿高档饭菜就成了有气质的人了？！文馨，你想得太简单了。"

见朋友并不理解自己，也不赞同自己的做法，文馨感觉很受伤，但她还是认为自己的想法是正确的，转身抛下自己的朋友，决定今天中午不回家吃饭了，一定要去她说的那种高档饭店吃一餐去。

朋友在她身后直摇头，暗叹文馨一点都不懂生活、不会生活，这样的生活怎么能称作高雅有气质呢？简直是不可理喻。

☆ ☆ ☆

会生活，说起来简单，做起来并不是那么容易。并不是说会穿衣吃饭、收拾房间就算是会生活了。女孩会生活之前，要先懂生活，懂得什么是生活，了解生活，才能在生活中培养自己的涵养，做一个会生活的气质女孩。

☆ ☆ ☆

刘美桐是一名初中女生，在外，她是个精致女孩，穿衣打扮都很讲究。但一回到家里，"气质女孩"就变成了"邋遢大王"，总是一副不修边幅的模样。

而且，她还好吃懒做，一回到家就往沙发上一瘫，家务活一点都不做。每当吃饭的时候，非得等父母把饭菜都摆好了，她才坐过去吃饭，吃完饭，既不帮妈妈收拾碗筷，也不帮爸爸干活，擦擦嘴就回自己房间去了。

"妈妈的手今天划伤了，桐桐帮妈妈把碗刷了吧。"妈妈敲了敲她房间的门说道。

"我还要写作业呢。"刘美桐不愿意刷碗。

妈妈推开门一看，见她根本没有在写作业，而是躺在床上看手机。

"你这不是躺着呢吗，就几个碗，去刷一下吧。"妈妈说。

"不要，我现在正要写呢，你让爸爸去刷吧。"她连忙从床上坐起来，走到了书桌前。

妈妈无奈地摇摇头，拿她没办法，只能让爸爸去刷碗了。

没一会儿，家里来了位客人，给刘美桐带了一份精美的礼物，妈妈让她出来向客人道谢，刘美桐很喜欢这份礼物，高兴地答应了。

很快，刘美桐微笑着从自己的房间里走了出来，但是妈妈却皱起了眉头。

"桐桐真是越长越漂亮，越来越有气质了。"客人夸奖道。

原来，刘美桐换了一身正式而讲究的衣服，完全不是刚才那副瘫坐着的懒散模样了。虽说女孩子注重形象是好事，但妈妈却觉得她的行为有点过了，不懂生活却一堆讲究，这不叫气质，叫气人。

客人走后，妈妈耐心地和刘美桐谈了一次话，刘美桐也知道自己的行为欠妥，但她已经习惯了这样的生活，现在要改，也不知道该怎么改才好。

☆ ☆ ☆

女孩要懂生活、会生活，不仅要活得精彩、精致，还要活得有意义。那么怎样做才算是会生活，怎样活又算是活得有意义呢？

其实很简单，女孩在日常生活中，首先要懂得保持应有的涵养。接物待人要温和有礼，要时刻注意自己的言行，举止有度，保持微笑，哪怕是在自己心情不好的时候，也要注意场合，学会控制自己的情绪，不要把自己的坏情绪表现出来，影响自己的外在形象。

其次，女孩不能好吃懒做。就算是家里只有自己一个人的时候，女孩也要保持自身及周围环境的整洁，不能在外一个样儿，在家一个样儿。女孩的外在和内在要保持一致，这样才能由内而外地展现出自己的魅力和气质，让别人接纳和欣赏自己。

另外，女孩不能太宅，至少要结交一两名知己好友，偶尔找朋友聊聊天、逛逛街。现在很流行"宅文化"，很多女孩把"宅"当成自己的随身标签，走到哪儿带到哪儿，甚至以"宅"为傲。女孩有自己的喜好和追求没有错，但也不能把自己宅成孤单的一个人，再宅也要和外界有适量的沟通和交流，这样的女孩才是懂生活、会生活的人，才会培养出自己独有的气质。

保持真我，每个人的气质都不同

人们常说，这世界上没有一模一样的两片树叶，同理，这世界上也没有一模一样的两个人。就算是最相似的双胞胎，也会有明显不一样的地方。既然人和人不一样，那么所表现出来的气质自然也是不一样的。但是，现在有很多女孩经常会为了外在看起来有气质而向某个人模仿，模仿对方的穿衣风格，模仿对方的说话语气，甚至是模仿对方的行为举止，这都是错误的。要知道，每个女孩都有自己擅长的一面和不擅长的一面，我们要做的是做自己擅长的事情，保持自我、真我，保持自己独特的气质，而不是塑造一张"假皮"贴在女孩身上。

☆☆☆

冯小丽喜欢一个女明星，那位女明星长得十分漂亮，也很有气质，每次出现在大众视野都能引领一波时尚潮流，冯小丽也想像那位女明星那样有气质、受欢迎。

但是，冯小丽的长相只能算中等偏上，不管她怎么努力都不可能像那位女明星那样漂亮，无法给人留下眼前一亮的感觉。既然相貌没办法改变了，冯小丽就开始从其他方面着手，想要成为一名气质女孩。

她见那位女明星穿衣很有品位，就开始模仿那位女明星的穿衣风格，那位女明星穿什么类型的衣服，她也跟着穿什么类型的，但她毕竟还是学生，生活还没有独立，因此，她只能买一些类似的、便宜的衣物，穿上身的效果肯定大打折扣。而且，有很多衣服和她本身的气质并不符，穿上后显得十分滑稽。

有一次，那位女明星穿了一件长裙出现在公众面前，十分性感迷人。冯小丽也想尝试一下，但她觉得那种类型的衣服跟她的年龄不符，穿起来过于大胆暴露，就找到好朋友小雯商量，请她帮忙拿主意。

小雯自然也觉得不合适，就说："这件衣服哪是咱们学生能穿的，你还是放弃吧。"

"可是人家明星穿得很有气质啊。"冯小丽十分犹豫。

"她穿着有气质，并不代表你穿起来也有气质啊。你平时总是向那个女明星学，我说过多少次了，你穿起来并不好看，你总不听，今天这件更是离谱，你千万别买这种衣服啊。"

小雯这话让冯小丽听起来十分不舒服，以前的衣服她觉得自己穿着挺好看的，怎么她现在一说，好像自己一直以来在当"小丑"，总是穿自己不适合的衣服的感觉呢，她心里气不过。

"你是不是嫉妒我以前穿的衣服比你漂亮，比你有气质？"她生气地问。

"我才不嫉妒呢，咱们学生就该穿适合学生的衣服，你自己身上也有自己独有的气质啊，为什么非得学别人，弄得'四不像'

呢？"小雯劝解道。

冯小丽一听"四不像"更生气了，认定了小雯是在嫉妒自己，于是，她不管不顾地在网上买了一件类似那位女明星穿的那件裙子。

裙子一到手，她就穿到了学校，结果不仅被同学们嘲笑，还被老师狠狠地批评了一顿。

☆ ☆ ☆

气质，不是靠穿同一款衣服、戴同一款首饰就能"复制"过来的。每个人都有自己独特的气质，女孩不能像故事中的冯小丽一样，为了所谓的气质而穿一些不适合自己的衣服，做一些自己不擅长的事情。女孩要有一定的判断能力，要知道自己适合什么样的气质，保持自己真实的一面，而不应该"跟风"，做出不适合自己的行为。

☆ ☆ ☆

丹丹最近有些烦恼，她想变得和班上的女班长一样有气质、受欢迎。但是，她既没有女班长那么漂亮，又没有她那么多好看的衣服，怎样才能让自己看起来气质出众呢？

丹丹为此苦恼极了。

为了能向女班长学习，她一连好几天都在观察对方。有一次，她突然发现，女班长特别爱笑，但每次笑的时候，都会用手掩住嘴，这个动作让女班长看起来更加有气质。

"对啊，我也可以这样做啊。"丹丹像是发现了新大陆一样，当天放学后就兴冲冲地回了家，对着镜子练习"掩嘴笑"。

"哇，我这样看起来真的感觉和以前不一样啊。"丹丹觉得自己这样一掩嘴，气质瞬间就提升了几个档次，心里美极了。

第二天到了学校，她就开始这样和人说话了。不仅笑的时候掩住嘴，就连日常交流的时候都会掩一下嘴。

"丹丹，我怎么感觉你最近怪怪的？"丹丹的好朋友小央对她的行为十分不解。

"我这样看起来是不是很淑女，很有气质啊？"丹丹笑道。

"我不觉得。"小央摇头说道："我只是觉得你这样怪怪的，根本不像平时的你。"

"平时的我？以前的我真的是逊爆了，现在这样才有气质呢。"丹丹自豪地说道，边说边抬手掩嘴。

"谁说的，以前的你怎么就没气质了？我就喜欢以前的你，大方豪爽，一点都不做作。现在的你让人感觉怪怪的，根本就和你的气质不相符。"小央严肃地说道。

丹丹听后，陷入了混乱，难道气质这个东西，不是一学就像、一学就有的吗？

☆☆☆

女孩的气质分很多种，有些女孩的性格比较温婉，气质也就透出一股温和的气息；有些女孩喜欢读书，就会显露出书香气质；有些女孩爱运动，每当她活跃的时候，就会显露出个人的魅力。所以说，气质是多种多样的，每个人都有真我，只有保持真我，才能找到独属于自己的气质。

为了更好地培养自己的气质，女孩应该多读书、读好书。读书能使女孩谈吐优雅、品位高尚，也能让女孩变得更有修养，这些都是气质女孩应该具备的特点。另外，女孩还可以培养一些兴趣爱好。有自己的兴趣爱好就能让生活变得更有趣味、更加快乐，还能让女孩变得多姿多彩、气质独特。

第二章

强大的内心是气质的内核

——女孩的"气场"很重要

　　女孩要有一颗坚强的内心，不管遇到什么事情，都要保持镇静。冷静地分析和处理问题，会让女孩表现出强大的"气场"，既震撼人心又征服人心；不怕难不怕苦的强大女孩，会在某些时刻为自己收获一份意想不到的"惊喜"，为女孩带来一份好运气。

"气场"不是狂妄

对于"气场"这个词，该作何理解呢？有人觉得"气场"就是一举一动都令人起敬，还有人觉得"气场"就是要让别人害怕自己。以上两种说法，都是大家对于"气场"的误解，真正的"气场"，是由内而外散发出来的气质，是一种独特的个人魅力。

☆ ☆ ☆

田果最近从一名小学生正式成为一名初中生了，她学习成绩很好，考上了一所不错的中学，可她一点也开心不起来，因为她的朋友很少，她觉得每天都很孤独。

田果一直不明白自己为什么交不到好朋友，她觉得自己的成绩那么好，应该有很多同学争抢着和她做好朋友才对。她百思不得其解，决定请教班级里人缘最好的同学草草。

田果对草草说："草草，你的朋友那么多，而且他们每个人都很信服你，大事小情都要找你帮助解决，我好羡慕你啊，你是有什么交朋友的诀窍吗？可不可以传授给我一些。"

草草对她说："我之所以朋友多，是因为我总是气场强大，当朋友遇到什么困难的时候，我总是会挺身而出。人与人之间的相处都是互相的，你对别人好，别人自然也会对你好。"

田果听了草草的话，若有所思的样子，谢过草草后，田果回家了。

自此以后，田果就像变了一个人似的，总是喜欢指挥同学们，还蛮横无理地对着同学们大吼大叫，大家都觉得她很没有礼貌，于是非常讨厌她，都躲着她。

田果却觉得大家是被她强大的气场震慑到了，还很得意。

老师得到同学们的反映，找到了田果，对她说："果果，你最近十分反常，能和老师说说这是为什么吗？"

田果把自己向草草请教"交友之道"的事情告诉了老师，老师听了哭笑不得地说："果果，草草说的没有错，但是你把'气场'理解错了，'气场'不是让同学们都怕你，都对你唯命是从，而是要用自己的魅力去吸引同学，让他们从心里信服你。"

田果听了，似懂非懂的样子，只能先答应了老师，可她对于"气场"还是不能充分理解，只能又回到了以前的样子。

☆ ☆ ☆

故事中的田果是一个很孤独的小女孩，她十分渴望交朋友，于是，找到了人缘颇佳的草草同学请教，可田果却无法正确理解草草所说的"气场"一词，盲目地把"气场"理解为狂妄，开始不礼貌地对待同学们，殊不知，这样只会让同学们变得讨厌她，让她的人缘变得更差。

当今社会，女孩要时刻注重自己在"气场"方面的培养，这是因为，在一定程度上，"气场"决定了你的个人气质，气场能使女孩的内心变得强大，还能使女孩保持本我，不轻易被外界环境干扰和诱惑。

正因为我们需要气场，我们就要更加明确"气场"的含义，努力做一个真正有气场的人，而不是做一个狂妄自大、让人讨厌的女孩。

☆ ☆ ☆

李娇娇在班级里担任班长一职，她人缘极好，朋友众多。

一次，学校里组织联欢活动，要求每个班级都要参加。班主任为了培养同学们的团结凝聚力，决定把这件事全权交给同学们负责，老师不做指导。

同学们兴趣盎然，开始紧锣密鼓地筹备这次活动，李娇娇作为班长，自然责任重大。她非常希望把这次活动组织好，向老师证明自己的能力，同时也使得同学之间更加亲密、默契。

可是，事与愿违，自从开始准备这次活动，同学们总是因为意见不合而产生矛盾。时间一天天地过去了，活动即将开始，李娇娇所在的班级却仍然没有确定节目。老师有些担心，但她为了让同学们成长，决定不干涉此次活动。

正当同学们为了确定节目争执不休的时候，李娇娇站了出来，对大家说："同学们，大家都知道，我们马上就要参加活动了，可是现在我们连节目都没有确定好，时间十分紧迫，我们不应该再把时间浪费在争吵上面了。"

大家纷纷表示认可。李娇娇继续说："接下来我会结合大家的意见确定一个表演节目，无论节目是不是符合你们的心意，都请大家配合我。我相信，只要我们大家齐心协力，无论节目的形式如何，我们都可以收获一个好的结果。"

大家都表示同意她的意见。就这样，他们终于确定了节目，在李娇娇的组织下，大家全身心投入到节目彩排中去。

最终，他们的表演赢得了满堂彩，老师欣慰极了，李娇娇也十分开心。

☆ ☆ ☆

故事中的李娇娇是一个十分有气场的女孩，当大家都在争执不休时，她作为班长，站出来领导大家。她并没有大吼大叫，而是用她身上强大的气场，使大家纷纷听从她的指挥。最终，她带领大家取得了一个令人满意的成绩。

由此可见，气场可以应用于很多种情况，既能让女孩拥有好人缘，还能培养女孩的领导才能。比如，当女孩和别人初次见面时，对方会根据女孩的气场来判断你的能力，决定女孩是否是一个值得交往的朋友；当一个组织需要领导人时，大家也会根据气场来决定谁更适合担任领导人；当女孩处于一个紧张的状况时，强大的气场会让女孩镇定下来，顺利度过重要时刻。

既然气场如此重要，那么女孩应该如何增强自己的气场呢？

首先，构成气场的首要因素就是自信。所以，女孩平时可以多给自己做一些心理暗示，让自己变得充满自信，这样能有效地提高女孩的气场。

其次，要想有气场，女孩就要活得有底气，要让自己拥有足够多的知识储备。这样，女孩在说话做事时就会更加有底气，自然就会气场强大、办事利落。因此，女孩应在平时多读书、读好书，增加自己的知识储备，丰富自己的头脑，为自己的气场打好基础。

最后，气场也要多塑造和多培养才能拥有。因此女孩可以在生活中多锻炼自己的气场。比如，女孩在学校时可以努力争取班中的职务，通过当班委，锻炼自己的组织能力，先从在同学面前说话做起，一步一步让自己变得强大，成长为最好的模样。

"公主病"才不是有气质

不得不说，如今的新一代女孩是十分幸福的一代，生活在物质生活丰富的今天，爸爸妈妈把女孩捧在手心里，精心地呵护着，不想让女孩受到一丝伤害。可是，这反而让很多女孩得了一种病，即"公主病"。让人痛心的是，很多女孩还自认为自己有"公主病"而自豪，认为这是一种有气质的表现。这种想法简直是大错特错，其实，"公主病"是一种性格缺陷，并不是有气质的表现。

☆ ☆ ☆

郭悦生活在一个富裕的家庭中，爸爸妈妈只有她这一个女儿，每天都想把最好的给她，这无形之中让她变得娇纵任性、蛮横无理。

一次，学校里组织运动会，大家为了班集体的荣誉，都纷纷报名参加。郭悦却觉得参加比赛会出一身汗、很累，所以不愿意参加。

到了比赛的那一天，同学们都兴高采烈地为参赛的同学加油助威，只有郭悦坐在看台上，一言不发。

老师问郭悦："悦悦，你为什么不给同学们加油助威呢？"

郭悦说："天气这么热，光是这样坐着就已经不舒服了，我才不浪费力气给他们加油呢！"

老师听了，皱了皱眉，碍于在大家面前，并没有直接批评她。

过了一会儿，郭悦开始发脾气。她对着班长吼道："这个破比赛什么时候结束啊？晒死了，我不坐在这里了。"

班长安慰她说："一会儿就结束了，也没有那么晒啊，而且同学们都在奋力比赛，我们应该留下来为他们加油啊。"

郭悦更加生气了，说："我不管，我就要回去，我要被晒死了。"

说着，郭悦站起来准备离开，班长见劝说无果，只能找来班主任。可是郭悦丝毫不顾及班主任的面子，执意要走，班主任也拿她没办法。同学们看着她的样子，都觉得她讨厌极了，不想再和她有接触。

郭悦见同学们都不理她，丝毫不认为是自己的错，在她的心里，同学们都不配和她交朋友。

☆☆☆

女孩有些娇气本是无可厚非的，可故事中的女孩郭悦已经达到了娇纵任性的地步。看见大家都讨厌她，她不但不从自己身上找原因，反而觉得自己气质高贵，别人都不配和她做朋友，这种过分的自大让她越来越膨胀，这样的行为只会让人越来越讨厌她。这是典型的"公主病"。

所谓"公主病"，就是一个女孩无论在哪里都要求受到公主般的待遇，别人都必须听从于她，稍有不合她心意的地方，就会大发雷霆。

"公主病"之所以被称为"病"，就是因为有这种特征的女孩已经产生了一种病态的心理。她们过分依赖别人，有严重的自负心理，不喜欢别人违背自己的意愿，这样的女孩缺乏人际交往能力，没有责任心，对自己的认识不清晰，不能够尊重和理解他人，常会做出一些让人哭笑不得的"蠢事"。

所以，女孩应该避免让自己患上"公主病"，不要以为别人说你"公主病"是在夸你，你就真成了公主，这不是一件值得自豪的事情。

☆ ☆ ☆

孟琦琦在班级里十分受大家欢迎，她很喜欢读书，正所谓："腹有诗书气自华"，她自身的气质也很好。

孟琦琦不光气质佳，性格也很好。一次，班级里新转来了一个同学，名叫果果。果果的性格十分内向，不喜欢和同学们聊天，每天都是自己独来独往。

孟琦琦看着果果孤独的样子十分心疼她，她很想让果果尽快融入到班集体中去。

于是，孟琦琦总是主动和果果聊天，拉着果果参与她们的活动。功夫不负有心人，孟琦琦终于如愿以偿地帮到了果果，让她变得喜欢和大家一起玩。

果果十分感谢孟琦琦，一次放学后，果果找到孟琦琦，对她说："琦琦，我真的很感谢你，记得我一开始见到你的时候，我觉得你好漂亮，气质也很好，就像一个小公主。我觉得我应该很难和你做朋友，可是出乎我的意料，你居然主动和我打招呼，和我聊天，我开心极了，我很开心能够认识你，和你成为朋友。"

孟琦琦听了果果的话，很感动，对她说："谢谢你，我没有想到我在你的眼里有这么好，我一直觉得自己没什么特殊的，我喜欢结交新朋友，我也很开心能够认识你。"

自此以后，果果和孟琦琦变得越来越亲密。

☆ ☆ ☆

故事中的孟琦琦是一个很有气质的女孩，她并不存在"公主病",而且待人亲切友爱。当她看到新转来的同学果果无法融入班级时,她很同情她,并采取积极主动的措施帮助她。因为她善于为别人考虑,懂得体恤他人,所以她越来越受大家的欢迎。

所以,女孩千万不要把"公主病"当作气质,气质是要有良好的修养,要对人和善,而不是狂妄自大、目中无人。

那么怎样才能防止自己患上"公主病"呢?

首先,女孩不要总是依赖父母,要学会自己的事情自己做。随着年龄的增长,女孩要学会独立,学会长大,让自己变得智慧、成熟。

其次,当女孩与他人发生冲突时,要学会换位思考。多从别人的角度考虑问题,学着体谅别人,这会为你减少不必要的烦恼。

另外,女孩还要培养自己的责任心。随着年龄的增长,女孩对自己的要求也应该随之提高,让自己更加有责任心,认真地对待生活中的每一件事,不要过分地以自我为中心。自信是好事,自负就不太好了。女孩要知道,这个世界上,没有谁是必须围着你转、为你服务的。女孩要摆正自己的心态,让自己做一个有责任心、气质佳的人。

小小困难不算什么

如果把人生比作一次航行,那么,困难便是海上的风浪。有些人遇到风浪毫不惧怕,他们会迎难而上,最终战胜风浪,迎来美好的风景;而有些人一遇到风浪便掉转船舵,逃避现实,最终被风浪击败,一事无成。

☆ ☆ ☆

郭芝芝是家里的独生女，爸爸妈妈把她当作小公主一样，悉心呵护着她。但是也因为爸爸妈妈对她的溺爱，郭芝芝没有养成独立的能力，什么事情都要依靠父母。

最近，郭芝芝从小学升入初中，因为学校离家比较远，所以郭芝芝需要在学校住宿。

郭芝芝临近上学时，妈妈千叮咛万嘱咐，要她一定要照顾好自己。

可是，开学后不久，让妈妈担心的事情还是发生了。郭芝芝不擅长和别人交往，所以她和舍友的关系不好，在班里，郭芝芝没有能够交谈的朋友，这让她觉得很孤独。

她的住宿生活更是一团糟。之前在家里的时候，郭芝芝一直都是依赖爸爸妈妈，这导致她缺乏独立的生活经验。

才开学没几天，郭芝芝每天都是以泪洗面。她打电话给妈妈，哭着对妈妈说："妈妈，我想回家，我不想再上学了。"

妈妈听了她的话很着急，对她说："怎么了？你是遇到什么困难了吗？"

郭芝芝说："同学们都不理我，我自己也照顾不好自己，老师要求被子要叠好，卫生要做好，可是我完全不会做这些事情啊！我不管，反正我要回家，要不你来陪我吧！"

妈妈听了她的话，很担心她，只能辞掉工作，在学校附近租个房子陪她。

☆ ☆ ☆

故事中的女孩郭芝芝十分缺乏独立能力，这不仅体现在她不会料理自己的生活琐事，还表现在她遇到困难时，不会想办法去解决困难，而是第一时间去求助爸爸妈妈。当爸爸妈妈不在身边时，她便优柔寡断，止步不前。

人的一生不可能是一帆风顺的，我们会遇到各种各样的困难。如果我们一遇到困难便想着退缩，那么我们的一生只会一事无成。

我们应该学会长大，让自己变得成熟起来，不要总是把自己当作小孩子，遇到困难时先想着把它们留给父母。解决生活中遇到的困难是我们成长道路上必须经历的，我们需要通过这些困难来锻炼自己，让自己越挫越勇，活出精彩的人生。

☆ ☆ ☆

韩梅梅是一个非常乐观的小女孩，每当别人都在为各种各样的事情发愁时，她总是能够及时调解自己的心态，妥善处理问题。

一次，学校里组织合唱比赛，要求各个班级积极参与。其他班级的同学都兴致盎然，可是韩梅梅所在班级的同学提不起兴趣。这是因为韩梅梅的班级在以往的合唱比赛中总是排倒数第一，这使得大家都对唱歌没什么信心了。

韩梅梅是班级里的文艺委员，她的想法与大家相反，她觉得只要肯努力，那么即使取得的结果不是很理想，也是值得的。

于是，她开始鼓励同学们积极参加比赛，同学们在她的鼓舞下都决定参赛。但是，在排练的过程中，同学们遇到了很多困难，大家又纷纷想要退缩。

韩梅梅见状，对大家说："我们不过是遇到了一点小困难，怎么能轻言放弃呢？大家一起齐心协力，解决问题就好了。"

韩梅梅尽心尽力，为大家请来了音乐老师，指导大家唱歌。大家看见她这样努力，都开始响应她。

最终，大家信心十足地参加了比赛，并且赢得了一个较好的成绩。大家也因为这次比赛变得信心满满，同学之间也更加有凝聚力。

☆ ☆ ☆

故事中的韩梅梅是一个乐观向上的女孩，当她遇到困难时，她首先想到的是去面对困难，努力战胜它，在她的身上充满了无限的正能量。她不光自己坚持这种正能量，还用它感染着身边的同学，组织大家齐心协力克服困难，不仅增加了大家的自信心，还提高了大家的凝聚力，真是一举两得。

遇到困难时，大家产生逃避心理是正常的，但是我们应该知道，我们是不可能一直逃避现实的，我们总有一天需要面对现实。与其一直怯懦地等待着结果的到来，倒不如站起来面对它，努力战胜它。我们还年轻，即使失败也没有关系，无悔即可。

青春路上，我们不可能总是一帆风顺，父母也不可能一直陪在我们身边面面俱到地照顾我们，所以我们不该一直做温室的花朵。随着年龄的增长，我们的心理应该愈加成熟。不要把困难想象成无法逾越的高山，而要把它想象成等待我们汲取的能量。每经历一次困难，我们就会变得更加强大。

好女孩不拿别人的错误惩罚自己

正处于青春期的我们，总觉得生活中烦恼多多：同学总是因为小事打扰自己，同学们在背地里说自己坏话，别人给自己脸色看……没完没了的琐事让我们苦不堪言，我们会因为它们变得郁闷、气愤。殊不知，我们是在拿别人的错误惩罚自己。当我们越来越在乎这些事情时，这些事情就会变成一座大山，压得我们喘不过气来。

☆ ☆ ☆

赵梦瑶是一个很优秀的女孩，她不光学习成绩很好，还喜欢唱歌、跳舞，曾为班集体赢得过很多荣誉。

一次，赵梦瑶在放学回家途中，突然想起自己的语文书忘记拿了。于是，她急忙跑回教室去取语文书。谁知刚走到门口，赵梦瑶便听见几个女孩在谈论自己。

一个名叫真真的女孩对着其他女孩说："你们看赵梦瑶，整天装得一副乖乖女的样子，就为了哄老师喜欢她，真是假惺惺。"

另一个女孩附和道："对啊！仗着自己会唱歌、跳舞，就觉得很有优越感，总是不停地表现自己，真是讨厌。"

她们你一言我一语地讨论着赵梦瑶，门外的赵梦瑶听见了很是伤心。她从未觉得自己有什么优越感，一直都是真诚地对待同学们，谁知会让大家这样讨厌。

自此以后，赵梦瑶不再喜欢和同学们交往，整日独来独往，班集体有什么活动，她也不再积极参与了。

老师看她很反常的样子，便问她："瑶瑶，你怎么了？最近发生什么事了吗？"

赵梦瑶怕同学们又说她找老师打小报告，所以也不敢和老师诉苦，只能自己承受着。

久而久之，她的学习成绩和精神状态都变得越来越差，这让老师和家长十分忧心。

☆ ☆ ☆

从故事中我们可以看出来，赵梦瑶非常在乎别人对她的看法。当她知道别的同学在背后说她的坏话时，她不是去和她们对质，也不是让自己毫不在乎她们的话，而是十分懦弱地用别人的错误惩罚自己，让自己变得郁郁寡欢，耽误了自己的青春。

生活是一面镜子，心态积极的人从中看到的是生活中的阳光普照、春意盎然；心态消极的人从中看到的是生活中的阴雨绵绵、荆棘密布。生活中有得到就会有失去，凡事不要只看到坏的方面，停止用别人的错误惩罚自己，让周围的一切不如意都因为你的心态而改变，那么你会发现，生活充满了美好与希望。

☆ ☆ ☆

陈辰是一个性格开朗的女孩，学习成绩优异，人缘也很好。

陈辰的同桌莲莲是一个嫉妒心很强的女孩，她非常嫉妒陈辰，所以总是暗中为难陈辰。

一次，莲莲买了一个漂亮的铅笔盒，到处和同学们炫耀。结果，铅笔盒竟然不翼而飞了，莲莲看起来很着急，陈辰也为她担心，急忙帮她寻找。

谁知莲莲不仅不感谢陈辰，反而私下里对大家说是陈辰偷走了她的铅笔盒。

一个和陈辰要好的同学为陈辰打抱不平，质问莲莲："你说铅笔盒是陈辰偷走的，可是口说无凭，你有什么证据吗？"

莲莲义正词严地说："我和陈辰关系不好，这是大家都知道的事实。可是这次我的铅笔盒丢了，陈辰居然卖力地帮我寻找，简直就是无事献殷勤，非奸即盗。她一定是觉得良心不安才这样做的。"

大家听了，纷纷认为莲莲太过于无理取闹了，不再帮她寻找铅笔盒了，只有陈辰还在坚持帮她寻找。

最终，陈辰终于在莲莲书桌最底层找到了她的铅笔盒，莲莲面对这个结果，哑口无言。

一个女孩对陈辰说："陈辰，你也太善良了，莲莲那样诋毁你，你还一直帮她。"

陈辰笑了笑，说："她没有证据就乱冤枉人，是她的错，我没有必要因为她的错误生气，否则就是在用她的错误惩罚我自己。我只要做好我自己，问心无愧，就可以了。"

陈辰的回答让同学们称赞不已。

☆ ☆ ☆

故事中的陈辰是一个开朗豁达的女孩，当她知道莲莲不知感恩，在同学面前诬陷她的时候，她没有因此愤怒不已，也没有纠结于这件事，而是以德报怨，继续帮莲莲寻找铅笔盒。她明白：因为别人的错误惩罚自己是十分不明智的做法，还不如做好自己，问心无愧呢！

你无法决定周围人的样子，他们不可能都符合你的心意。与其纠结于别人做了什么，还不如把眼界放开些，做好自己的事情，让自己的生活精彩纷呈。

当然，我们有时也会感到迷茫，不知道该如何在纷乱的杂事中抽身出来。这是正常现象，我们不用担心，我们可以按照下面三个方法去做。

第一，女孩可以学着转移自己的注意力。在心情不好或者遇到暂时无法解决的难题时，放空心情，不要去想那些让人头疼的问题，要转移自己的注意力。可以喝一杯牛奶，或听几首歌，或看几页书。这些会帮助女孩快速走出不良情绪，使女孩的内心强大起来，让女孩感到生活充盈，觉得人生美好，自然会忘记耳边的聒噪。

第二，当女孩与人交往时，一定要坚持自己的原则。女孩要对值得的人真心相待，绝不辜负；对于不值得的人，一笑而过，不必在乎。女孩没有必要同时也没有可能与所有人都成为好朋友，女孩只需要做一个有原则的人，不忽略每一份热情，也绝不在乎任何的冷漠就行了。当女孩遇到一些不平事时，不要过于在意，女孩要学会自我调节心情和自我安慰，要告诉自己不要用别人的错误来惩罚自己，避免让自己的生活变得一塌糊涂。

第三，女孩要活出自我，活得自信，不要活得自卑。一个过于自卑的人，往往非常敏感，过于敏感的人，总是不开心的。女孩要明白，没有谁是比自己更重要的，多找机会提升自己，自然不会因为别人的错误而感到困扰。女孩要学会宽心，不管面对什么样的事情，都不要发怒。要记住：发怒，是在用别人的错误惩罚自己，是很愚蠢的行为。

不让沮丧阻碍自己

当我们遇到不如意的事情时，心里或多或少都会有些沮丧。这时候，聪明的人会尽快调整好心情，鼓舞自己继续努力，向着未来出发，而糊涂的人却会一直纠结于此，一蹶不振。尤其女孩大多是敏感而多疑的，在遇到一些难事时更容易感到沮丧，从而影响自己的生活和学习。

☆ ☆ ☆

徐欣月很喜欢唱歌，并且为此付出了很多努力，可是她最近想要放弃唱歌。

原来，前几天，徐欣月去参加了一个歌唱比赛，她本来信心满满，觉得自己一定能够拔得头筹，可是结果却不尽如人意，徐欣月在初赛时就被淘汰了。

她很伤心，哭着对妈妈说："妈妈，我不想再练习唱歌了，我为了唱歌已经耽误了很多学习的时间了，而且我觉得自己没有唱歌的天赋，还不如早日放弃。"

妈妈极力安慰她，可她很坚决地要放弃唱歌。无奈，妈妈只能同意了她的想法，鼓励她认真学习。

接下来的日子里，徐欣月并没有把精力全部投到学习中去，反而总是沉浸在输掉比赛的沮丧之中。

妈妈看着她失落的样子，担心急了，对她说："月月，你最近状态很不好，和妈妈说说原因，好吗？"

徐欣月带着哭腔说："妈妈，我觉得我做什么都做不好。"

妈妈安慰她说："怎么会呢？月月是最棒的，你是妈妈的骄傲。你不要总是沉浸在沮丧中了，你现在要做的，就是把心情调整好，努力做好手头上的事情，你一定会取得进步的！"

徐欣月听了妈妈的话，仍然没有改变自己的心态，使得自己的状态越来越差。

☆ ☆ ☆

故事中的女孩徐欣月在歌唱比赛中受到了挫折，十分沮丧，这是可以理解的。但是，她无法尽快调整好自己的心情，一直沉浸在沮丧中，听不进去妈妈的劝告，一味地想要放弃唱歌，不仅折磨了自己，还让父母担忧。

我们都是普通的女孩子，都会在遇到挫折之后感到沮丧。但是，一味地为自己的失败而沮丧，会阻碍你的前进，让你离理想中的自己越来越远，这是得不偿失的。

正所谓："逆境出人才。"当我们在人生道路上跌倒后，要尽快爬起来，拍拍身上的土，继续前进，不要因为沮丧而止步不前。要相信，成功之门将永远向你敞开。

☆ ☆ ☆

郭霖最近刚刚升入初中，由于学校距离郭霖的家比较远，所以郭霖不得已要住在学校。

突然离开了父母和朋友，郭霖感觉非常不习惯。由于对他们的思念，还有对于新环境的不适应，郭霖整日以泪洗面，精神状态非常不好。

很快，郭霖迎来了初中的第一次考试，令她失望的是，她的成绩在班级里排到了倒数，这是她在小学时不曾有过的。

因为这次考试，郭霖更加沮丧了。经过反思，她意识到自己不能再继续这样下去了。

于是，她强迫自己从悲伤中走出来，努力克服困难，发愤图强，把对父母、朋友的思念转化为动力，使自己尽快找回最佳的状态。

功夫不负有心人，过了几天之后，郭霖果然调整好自己的心态，让自己的生活渐渐步入了正轨。

她认真地学习，成绩提高了很多，同时，她还积极参加班集体活动，为班集体赢得了很多荣誉。

渐渐地，大家对她的印象都非常好，她也交到了新的朋友。现在，她对自己的初中生活充满了向往，每天都过得开心极了。

☆ ☆ ☆

故事中的女孩郭霖在刚升入初中的时候，总是因为离开了父母和朋友而沮丧。但是，她及时地意识到了自己的错误心态，并暗示自己一定要从沮丧中走出来。于是，她克服困难，发愤图强，不仅使自己的学习成绩有所提高，还交到了新的朋友。

其实，心态是一种神秘的"解药"，好的心态能治愈沮丧的人，用阳光驱散我们心中的阴霾。如果是因为自己的事而沮丧，就试着正视自己的不足；如果是因为别人的事而沮丧，就试着把沮丧转化成宽容。这样一来，你的生活就会充满无限的正能量。

如果你不知道该如何让自己走出沮丧，那么可以试着这样做。

首先，女孩可以适当地放空自己的心情，让自己从紧张的情绪中走出来，做一些自己喜欢的事情，让自己暂时忘却烦恼。女孩在遇到不如意的事情时，不要让自己的情绪一直沉浸在沮丧当中，不要让自己长时间处于不良情绪当中，要学会自我排解和释放，改变自己的情绪或情境。换一种心情，没准就会有奇迹发生。

其次，女孩在遇到沮丧的事情时，要学会给自己一个积极向上的心理暗示。要让自己知道，现在还年轻，女孩的人生还有很长的路要走，一次的挫折算不了什么，可怕的是一直这样沮丧下去会导致自己不敢向前进。

最后，女孩可以想一想自己以前的成功经历，重拾信心，鼓舞自己继续努力。每个人的成长道路都伴随着成功和失败,大多数人经常以千百次的失败才换来一次成功,所以,在遇到挫折和失败时,女孩不要过于沮丧,要多想想自己的优点和成功的地方,多给自己一些动力,让自己勇往直前。

第三章

别让情商成为"硬伤"

——秀外慧中才是最佳的气质女神

气质女孩不仅要有得体的仪表，还要拥有高情商。智商不够可以用勤来补，但如果情商不够，女孩就永远不可能成为真正的"气质女神"。要想成为真正意义上的"气质女神"，女孩一定不要做作，要冷静得体地处理身边的各种突发事件，要理智而不失礼貌地面对身边的亲朋好友，要与他们亲切相处。

委婉说"不"更得体

在我们的身边总会有几个"直脾气"的人，他们处理事情时，往往不管不顾，想到什么就说什么，有些人还对此引以为傲，觉得自己性格直率、爽朗。殊不知，他们的这种做法会给身边的人带来伤害。

☆ ☆ ☆

郭嘉嘉是一个"直脾气"，说话做事不太喜欢顾及别人的感受，以致她总是在无形之中伤害到别人，所以她在学校里没什么好朋友。

郭嘉嘉的同桌燕燕是一个性格活泼开朗，非常喜欢和同学们打交道的女孩。多亏有她，郭嘉嘉才不会那么孤单。

一次，燕燕过生日，妈妈允许她邀请同学们来家里庆祝生日，她首先想到的就是自己的同桌郭嘉嘉。

燕燕找到郭嘉嘉，兴高采烈地对她说："嘉嘉，今天我过生日，我妈妈想要给我办一个聚会，你到我家里来玩吧！"

郭嘉嘉今天有些累，想要回家休息，不想去参加燕燕的生日聚会。于是，她直截了当地对燕燕说："我不想去。"

燕燕听了很伤心，说："为什么啊？我们不是好朋友吗！你就过来吧！你不来我会很失望的。"

嘉嘉觉得燕燕很烦人，对她大声说："你烦不烦啊！我不想去就是不想去，你不能强迫我去啊！"

燕燕面对嘉嘉的反应，被吓坏了，只得伤心地离开。大家听到嘉嘉这么说，都觉得嘉嘉很过分，纷纷去安慰燕燕。

燕燕觉得自己一直都把嘉嘉当作好朋友，可是嘉嘉似乎一点也不喜欢她，所以她也不想再和嘉嘉交往了，转头去和其他同学玩了。

就这样，活泼的燕燕再也不喜欢和嘉嘉聊天了，嘉嘉因为没有朋友，她的学校生活变得越来越无聊，她开始变得孤独，甚至不想去上学了。

☆ ☆ ☆

故事中的女孩郭嘉嘉是一个名副其实的"直脾气"，她也清楚自己的脾气会让自己失去很多好朋友，可是她没有想要改正自己的错误做法，这导致她被班级里的其他同学所讨厌，还失去了一个珍贵的好朋友。

其实，我们不能把直脾气界定为一个完全错误的事情，但是有些时候，当我们不经大脑随意地说出一些话时，我们也许并不知道自己说的这些话会给其他人造成怎样的伤害，所以我们没有去在意它，可是当其他人听见以后会觉得自己受到了伤害。

从另一个方面来看，直脾气的人也有许多优点，他们一般都是心胸比较宽阔，不喜欢因为小事斤斤计较，所以，他们往往无法意识到自己的一些言语或是行为会给别人带来伤害。

但是，直脾气的确是一种性格缺陷，如果我们想要和同学们好好相处，就要收敛我们的脾气，做一个高情商的人。如果觉得这样很累，那么我们可以试着放低要求，在不伤害别人的同时做好自己，并学会委婉地表达自己的意思。

☆☆☆

　　杨雪晴有一个好朋友，名叫裳裳，她们从小一起长大，非常要好。

　　可是后来，因为裳裳父母工作调动的原因，裳裳家搬到了另外一座城市。她们非常想念彼此，所以她们每天都会通电话，和对方说一说自己身上都发生了什么好玩的事情。

　　一天，裳裳的心情似乎非常不好，她在电话里向杨雪晴倾诉着自己的伤心事。说着说着，裳裳哭了起来。

　　杨雪晴听了以后非常担心，她安慰裳裳说："没关系的，裳裳，你现在对于周围的环境不熟悉才会觉得孤单，等你渐渐熟悉了环境以后，你就会交到新的朋友，你的生活也会慢慢好起来的。"

　　谁曾想，裳裳并没有因为杨雪晴的安慰而宽慰，反而更加伤心了。

　　她哭着对杨雪晴说："晴儿，你来找我好不好？我一个人在这里好孤独。"

　　杨雪晴听了很为难，但她没有直截了当地拒绝裳裳，而是委婉地对裳裳说："裳裳，我知道你现在很不开心，你才搬到新的地方，总是需要一个过渡期的，我相信你一定会越来越好的，等我们再长大些，我会去你的城市找你玩，好吗？"

　　裳裳听到杨雪晴这样说，也意识到了自己的要求有些强人所难，便对杨雪晴说："好的，晴儿，我会好好努力的，你也要好好照顾自己，我们永远都是最好的朋友。"

　　杨雪晴用力地点了点头，两个人不仅没有因此而吵架，反而更加要好了。

☆☆☆

故事中的杨雪晴是一个很会照顾他人感受的女孩，当裳裳因为身处陌生的环境而闷闷不乐时，她耐心地安慰裳裳。当裳裳表示希望杨雪晴能够去陪伴她时，她没有因为裳裳的无理要求而不开心，而是委婉地对裳裳说"不"，她的理智回答保护了两个人的友谊。

歌德曾说过："要求旁人都合我们的脾气，那是很愚蠢的。"所以，我们要学会控制自己的脾气，学会委婉说"不"就是控制脾气的一个关键点。有时候在你看来没什么关系的话会对别人造成伤害，所以我们不应该总是随心所欲地想说什么就说什么，要学会语言运用的技巧，以保持彼此的友谊。

拒绝也是一门艺术。那么，我们该用什么方法巧妙地拒绝别人呢？

首先，女孩不要在盛怒的情况下拒绝别人。人和人之间总是会有不一样的想法，或许他人觉得可以的事情，在你看来却不容易接受。这时候，你一定不要生气，而要平复自己的心情，让自己的语气柔和一点，这样就避免了不必要的误会。

其次，女孩不要傲慢地拒绝别人。如果别人有事情请你帮忙，而你又无法帮到他，那么你首先要对他表示歉意，请求他的原谅。千万不要傲慢无礼地拒绝他人，因为这会让他人对你产生一种不好的印象，不再喜欢和你接触。

另外，女孩可以有选择地拒绝别人。当别人求你做一件事，而你不能全部做到时，你可以把自己力所能及的事情先做了，然后委婉地拒绝他，这样会让别人觉得你是一个乐于助人的女孩，他们会非常愿意和你做朋友的。

"不尬聊"是一种高情商

生活中，很多女孩会遇到一些出言不逊、喜欢给人难堪的人。这时候，如果女孩被他们激怒，甚至失去理智，与他们争执不休、唇枪舌剑，那样只会让气氛变得更尴尬。然而，如果一味地妥协又会显得女孩懦弱好欺负，让自己下不来台。女孩在遇到这样的情况时，应该如何处理才算是明智之举呢？今天我们就来为女孩解答一下这个问题，让女孩从容"尬聊"。

☆ ☆ ☆

田依依喜欢跳舞，每当学校里有什么活动时，大家都会推荐她去参加，这使得她在学校里每天都过得非常快乐，可同时也招来了一些人对她的嫉妒。

一次，学校里举办联欢晚会，老师让田依依作为本次活动的负责人，组织同学们排练节目。

田依依对工作尽职尽责、一丝不苟，每当同学们有做得不好的地方时，她都会直言不讳，指出同学们的错误。可是她的直脾气惹得一些同学怨气连连。

有一天，希希同学因为在排练时总是出差错，被田依依当众批评了一顿。

希希觉得咽不下这口气，便大声地对田依依吼道："田依依，你还真的把自己当作领导了！老师仅仅是任命你担任此次活动的负责人，你既不是班长，也不是文艺委员，学习成绩也不突出，你有什么权利对我们指手画脚。"

几个平时不喜欢田依依的女同学听了希希的话，也纷纷应和着，嘲讽田依依，气氛瞬时尴尬到了极点。

班长急忙站出来劝解，对大家说："依依同学在跳舞方面有天赋，被老师指定为此次活动的负责人，我们都应该体恤她的辛苦，听从她的指挥。更何况大家都是同学，有什么事情不能好好说啊！"

班长的话让那几个女同学哑口无言，事情本可以就这样过去，可是田依依觉得委屈极了，冲着大家吼道："这个破负责人，你们谁爱当谁当吧，我不当了。"说完，田依依把东西摔在地上，走了。

她的这个举动让老师和同学都觉得很尴尬，老师也不再让她担任负责人了，同学们也觉得她脾气不好，不喜欢再和她接触。

☆☆☆

故事中的田依依是一个过于冲动的女孩，当希希出言挑衅她的时候，她非常生气，却又不知道如何应答，幸亏班长及时站了出来，为她解围。可是她不知道感恩班长的良苦用心，反而在大家面前发脾气，让自己的有利局面变成了不利局面，使得大家都觉得她很没有素质。

女孩要知道，我们不可能让身边的所有人都喜欢我们，总会有一些人喜欢用尖酸刻薄的语言去批评、攻击我们。这时候，女孩千万要控制住自己的脾气，不要和她们争执不休。因为，和没有素质的人争吵会显得你很没有涵养，还会降低自己的人格魅力。

对于无关紧要的人或事，女孩可以选择一笑置之，不必为之伤神。不过，当对方的语言已经对女孩造成了人身攻击时，女孩一味地容忍只会助长对方的嚣张气焰，为此女孩可以选择用幽默风趣的话语回击他们，这样既能化解尴尬，不使场面"冷场"，还能够让对方知道你不是一个懦弱可欺的女孩。

☆☆☆

相信大家都听过周恩来总理"为中华之崛起而读书"的伟大理想，那么大家知不知道周总理最为人称道的是他的外交能力呢？

每当周总理代表国家接受国外记者的采访时，记者总是会提出一些刁钻的问题试图让周总理难堪，可是周总理总是能够巧妙地化解尴尬，为国家赢得尊严。

有一次，一个来自美国的记者在采访周总理时，看见周总理使用的一支钢笔产自美国，那个记者似乎找到了挖苦周总理的契机，便十分蔑视地问周总理："请问总理阁下，你们堂堂的中国人，为什么还要用我们美国产的钢笔呢？"

周总理听后，并没有因为她的讥讽而感到尴尬，而是十分平淡地说："谈到这支钢笔，真是说来话长。这是一位朝鲜朋友的抗美战利品，是他作为礼物赠送给我的。我当时想着无功不受禄，就想拒收，朝鲜朋友对我说：'留下做个纪念吧。'我觉得它也很有意义，就留下了贵国的这支钢笔。"

美国记者听了周总理的回答，顿时哑口无言，在场的人也纷纷称赞周总理的智慧。

周总理的语言艺术是值得我们认真学习的。当美国记者试图用一支钢笔来让周总理难堪的时候，周总理并没有呵斥她的不礼貌行为，反而风轻云淡地把话题一转，不仅化解了美国记者给他带来的尴尬，还维护了国家的尊严。

☆☆☆

总的来说，喜欢给人带来尴尬的一般分为两种人：一种人是自己本身有缺陷，嫉妒比自己好的人，所以他们要通过嘲讽别人来让自己获得满足感;另一种人是自我感觉良好,觉得别人哪里都比不上自己,从而对别人进行嘲讽。

对于前者,女孩要明白:越是有才能的人,就越是招人嫉妒。如果对方只是以一种开玩笑的方式调侃你,那么女孩也没有必要和他们较真儿,也可以和他们开开玩笑,把尴尬化解过去,让场面热络起来就好。可是,如果对方实在过分,用很恶毒的语言诋毁你,那么女孩是不是就可以以其人之道还治其人之身,也骂回去呢?非也。骂回去只会让场面更加尴尬、冷场、不可控制,女孩没有必要在这种时候和对方计较。如果你真的生气了,在气愤之余只会因为对方的话而怀疑自己的能力,从而自暴自弃,让自己陷入被动的局面。

"尬聊"是一个新兴的网络用词,是指某些人不会聊天,总是会因为某些因素让聊天气氛陷入冰点,无法把话题进行下去,但又必须使气氛活跃起来,所以只能尴尬地聊下去。现在的生活中有很多这样的情况,那么女孩应该如何化解尴尬境况,使自己全身而退呢?

女孩可以先在大家面前开个小玩笑,尽量把尴尬化解过去。同学之间的朝夕相处,会使大家了解每个人是什么样子的人,所以同学们没有必要过分纠结于某件事。女孩要学会巧妙地把尴尬化解过去,让大家觉得你是一个十分大方的女孩,还会因为你和他截然不同的处世之道,让对方陷入被动,心生愧疚。

再者,女孩不必因为对方的嘲讽而自我怀疑,进而产生自卑的情绪。毕竟人无完人,你在某些方面比不上别人是很正常的事情,这不是什么大不了的事儿。女孩要善于发现自己的优点和强处,提升自信心。

另外，有些时候，女孩可以用自嘲的方式化解某种尴尬，这样一来，大家不会过分着眼于你的缺点，反而会觉得对方是一个很没有素质的人。

流言面前不失态

如果说流言是一颗邪恶的种子，那么人心便是培育它的土地。如果你不断地放纵它，就相当于在为它浇水施肥，让它茁壮成长，最终，它会干扰你的正常生活；如果你忽视它，不在乎它，那么它就会永远被埋在地下，难以长大，也不会影响你的心情。

☆ ☆ ☆

章芝一是一个喜欢广交朋友的女孩子。前几天，章芝一所在的班级转来了一个新同学，大家都对他充满了好奇。

这个新同学名叫张峰，不善与人接触。他自从转来以后，始终是独来独往。

老师为了让新同学能够尽早融入班集体，便找到章芝一，对她说："一一，老师知道你是一个活泼开朗的女孩子，平时也乐于助人，老师想要派给你一个任务。"

章芝一听了老师的话，兴奋极了，连声对老师说："好啊，老师，您说是什么任务吧！"

老师说："我想让你帮助新来的张峰同学，让他尽快融入我们的班集体。"

章芝一听了老师的话，非常爽快地答应了。

在之后的日子里，章芝一一直都谨记老师的交代，时刻尽自己所能帮助张峰融入集体。

就这样，张峰和章芝一很快就成了好朋友，每天都形影不离。

渐渐地，班级里有一些喜欢说八卦的女孩子开始传播张峰和章芝一的流言。

这些流言很快传到了章芝一的耳朵里，她十分生气，气冲冲地跑到传播流言的女孩面前，对她吼道："你什么都不了解，就在这里胡说，你这个'大嘴巴'，你知不知道你很惹人烦啊！"

那个女孩被她说得十分尴尬，当众哭了起来。大家都跑来劝说章芝一，可是章芝一始终不依不饶，一直用侮辱性的话语批评那个女孩。

大家都觉得章芝一太过分了，从此对她的印象大打折扣。

☆ ☆ ☆

章芝一活泼开朗、乐于助人，本是一个惹人喜爱的女孩子，可是当她知道别人在传播关于自己的流言时，她并没有妥善处理，而是一味地用侮辱性的语言责骂传播流言的女孩，在大家面前失态，结果导致了大家对她的厌恶。

所谓"流言"，即散布没有根据的话。传播流言是一种恶劣的行为，但是生活中，总是有很多无聊的人在传播流言，伤害别人。虽然女孩不能控制别人的言行，但能够做到让自己言行得体。所以，女孩不必太在意流言，别人传播流言是别人的事情，在乎或不在乎完全在于你自己。

当然，这并不代表女孩要一味地忍受别人对自己的诽谤，不为自己辩解。我们可以寻找证据，在恰当的时候，有理有据地反驳传播流言的人。我们不必和他们争吵不休，也不必为了这件事大动肝火，谩骂传播流言的人只会让自己成为大家讨厌的样子。

☆☆☆

段鑫言非常喜欢读杂志，书店只要出了新的杂志，她就会马上去把它买回来。

一次，段鑫言最喜欢的一本杂志更新了，段鑫言一得到消息，就立刻去书店买。可是，非常遗憾，杂志已经被卖完了，段鑫言非常失望。

第二天上学的时候，段鑫言得知班上的同学吴雨买到了她心爱的杂志。

于是，段鑫言找到吴雨，对他说："吴雨，听说你买到了最新的杂志，我也很喜欢那本杂志，你可不可以给我看一看啊？"

可吴雨拒绝了她，段鑫言只能讪讪地离开了。

到了下午，意想不到的事情发生了，吴雨的杂志丢了。吴雨很着急，他向大家暗示是段鑫言拿了他的杂志。班级里瞬时间谣言四起，大家纷纷指责段鑫言。

段鑫言听到谣言后，很伤心，可她并没有当众与吴雨进行口舌之争，而是私下里和几个朋友一同寻找证据。

最终，功夫不负有心人，段鑫言发现吴雨的杂志就在吴雨的课桌里，段鑫言当众拆穿了吴雨的谣言，吴雨也承认了错误。原来，他是因为嫉妒段鑫言的成绩比他好，所以想要借此机会诬陷段鑫言，让同学们都讨厌她。

真相大白之后，大家都向段鑫言道歉，段鑫言也原谅了大家。

☆☆☆

故事中的段鑫言是一个言谈举止大方得体的女孩，当她知道别人在传播有关自己的谣言时，她没有暴跳如雷，冲上去和别人理论，而是自己团结朋友，寻找证据。最终，她不仅向大家证明了自己的清白，还得到了大家的认可。

有句话叫"三人成虎"。所以，一般情况下，女孩都很惧怕流言蜚语，害怕被别人误解。正是这种畏惧心理，使得女孩对流言蜚语十分敏感。在她们得知别人传播关于自己的流言时，气愤和害怕会占据她们的内心，让她们失控而做出违背本心的行为。

由此可见，如果想要在流言面前不失态，女孩首先要做的就是学会控制自己的脾气，调整自己的心态。女孩要记住，清者自清，不必惧怕流言。你真正的朋友不会因为流言就远离你，只有那些无聊透顶的人才会胡乱地传播流言，你不必因为别人的错误而惩罚自己。

其次，女孩可以把流言当作对自己的考验。成长的路上总是充满荆棘，我们不仅应该让自己的身体成长，还要让自己的心灵强大，让自己变得更优秀。

最后，女孩可以根据实际情况，找出流言的漏洞，当众击破它，让传播流言的人心甘情愿地向你道歉，同时也向大家证明自己的清白。

气质不是"做作"

作为女孩子，气质是女孩的必修课，修炼气质有助于让女孩全面提升。可是，有些女孩对气质的理解有些偏差，她们总是把"做作"当作气质，自以为自己很有气质，实则经常做出一些惹人厌烦的行为，无形中，让别人远离了自己。

☆ ☆ ☆

赵欣英总是喜欢在大家面前做出一些做作的表情和动作，她觉得自己很有气质。殊不知，大家都觉得她很讨厌。

夏天的时候，经常有一些小虫子会飞到教室里，大家已经见怪不怪了，可赵欣英总是大惊小怪的。

一次，又有一只小虫子飞到了教室里，赵欣英马上表现出很害怕的样子，立刻躲到同桌燕燕身后。

燕燕用纸巾包住虫子，准备丢到外面去。谁知，就在这时，赵欣英双手用力把燕燕推开。燕燕猝不及防，摔了一跤，虫子也飞走了。

然而，赵欣英还是很害怕的样子，也没有去把燕燕扶起来。别的同学去扶起了燕燕，燕燕对赵欣英的行为很生气，对着赵欣英吼道："你为什么要推我！"

赵欣英很可怜地说："你拿着虫子，我很害怕它。"

燕燕很无奈，说："一只小虫子而已，你以前不怕的，为什么现在这么害怕了？"

赵欣英楚楚可怜地对燕燕说："可我现在害怕虫子啊，你就不能理解我吗！"

燕燕听了很无奈，班上的同学也都觉得赵欣英太做作了，都不喜欢和她相处。

赵欣英把气质错误地理解为"做作"，因此，她遇事总是喜欢装腔作势、哗众取宠。大家都因为她的"做作"而厌烦她，不喜欢和她做朋友。可她却浑然不知，继续坚持自己心中的"气质"，这让她离同学们越来越远。

☆ ☆ ☆

"气质",顾名思义,是指人的生理、心理等素质的综合体现,是相对稳定的个性特点。而"做作",则是指故意做出某种不自然的表情架势和腔调。气质是由内而外散发出来的,是无法靠装模作样表现出来的,做作的行为只能成为东施效颦。

过分地粉饰自己,用虚假做作的面具遮盖自己,只会让别人觉得你不真切,不是一个值得交往的人。相反,优雅大方、淡然自若的气质,总会给人一种亲切、随和的感觉,让别人愿意接近你、了解你。

☆ ☆ ☆

白璐璐从小便学习舞蹈,这使得她不仅舞蹈技艺高超,自身气质也很好。

最近,白璐璐升入了中学。在新的班级里,白璐璐人缘很好,交到了很多新朋友。

一天,班主任在上课之前对大家说:"大家也相处一段时间了,彼此之间也都互相熟悉了,今天,我们就来确认一下班干部的人选。"

大家听了老师的话,都兴奋极了。就这样,班干部评选工作井然有序地开始了。

竞选班长这个职务的同学有白璐璐和郭嘉佳。经过大家的投票,最终确定由白璐璐来担任班长这个职务。

郭嘉佳是一个好胜心很强的女孩子,她对于白璐璐担任班长感到非常不服气。于是,她总是在私下里对同学们说白璐璐的坏话,还讽刺白璐璐除了跳舞什么都不会,班集体在她的带领下一定得不到进步。

这些话很快就传到了白璐璐的耳朵里，可她并没有对此感到气愤，反而向老师建议，让郭嘉佳担任副班长的职务。

郭嘉佳知道后，羞愧不已，郑重地向白璐璐道了歉，白璐璐当即表示原谅了她，同学们也因为这件事更加信服白璐璐了。

☆ ☆ ☆

因为学习过舞蹈，白璐璐的外在气质很好，而真正让大家信服她的，并不是她的外在气质，而是她由内而外散发出来的气质。她宽容待人、乐观向上、举止大方、喜欢和大家交朋友，这才是大家喜欢她的真正原因。

作为女孩，应该多注重气质的培养，可以从两个方面着手。

一方面，是外在气质的培养。首先，女孩可以从衣着打扮入手，不必过分专注于穿名牌衣服，只要着装大方得体即可，时刻让自己保持衣着的整洁干爽，给人留下一个良好的印象。其次，气质也可以从女孩的形体上表现出来。比如，女孩走路要挺胸收腹，这样会使女孩体形更加完美，也能让女孩看起来充满自信，魅力四射。最后，女孩可以通过学习一些才艺来提升自己的外在气质，使自己举手投足间散发出迷人的气质，而不是"做作"的行为。

另一方面，是内在气质的培养。所谓"腹有诗书气自华"，女孩平时可以多读书、读好书，以此提升自己的内在涵养；还要学会控制自己的脾气，言行举止要得体，做一个优雅大方、亲切自然的人，从而表现出超然的独特气质。

一味高冷不是真女神

"高冷女神"这个词最近频繁出现在网络平台上，"高冷"一般解释为高贵冷艳，也可以解释成孤高冷傲，不喜欢和别人打交道。那么问题来了，大家会喜欢一味高冷、没有亲切感的女孩吗？一味高冷可以成为真女神吗？

☆ ☆ ☆

每个女孩都有一个"女神梦"，敖卉也不例外。最近，她了解到一个网络词汇，叫作"高冷女神"，可是她对"高冷"有了错误的理解。

敖卉认为，高冷便可以成为女神。于是，她最近一直让自己保持高冷。

同桌怜怜是一个活泼开朗的女孩，平时总是喜欢和敖卉聊天。可最近，敖卉突然变得不愿意理她了，这让怜怜苦闷不已。

终于，怜怜觉得无法忍受敖卉对她的冷漠了，决定找她谈谈。

怜怜问敖卉："你最近怎么了？为什么不愿意理我啊？"

敖卉瞥了她一眼，没有回答她的话，继续研究着老师上课所讲的题目。

怜怜看了觉得非常不舒服，她继续说："敖卉，我们不是好朋友吗！你觉得我有什么地方做得不好，可以和我说，不要不理我，好不好？"

敖卉听了她的话，缓缓地抬起头，用一种轻蔑的语气对怜怜说："你好烦啊，没事做就看看书吧，别来打扰我。"

怜怜听了，伤心极了，她觉得敖卉是不想再和她做朋友了，自此以后，怜怜便没有再和敖卉说过话。

敖卉继续坚持着高冷的态度，可是她的行为不仅没有被别人把她当作女神，身边的朋友反而渐行渐远。

☆ ☆ ☆

故事中的敖卉错误地理解了"高冷"这个词，她觉得一味高冷便可以成为女神。所以，她开始让自己变得高冷，试图成为大家眼中的女神。殊不知，大家喜欢的是待人亲切、乐于助人的她，而不是孤高冷傲的"假女神"。

很多时候，女孩总是喜欢从字面上理解"高冷"这个词，把它看作遥不可及的称号，把高冷当作女神的标签。可事实上，过于高冷、不喜欢与人接触的女孩，不仅不能成为女神，还会让人产生距离感，不想与她亲近，无论她多么美丽、聪明，别人也不会喜欢她的。

随着时代的发展，"女神"已不再是高高在上、令人望尘莫及，她们的形象发生了很大的转变。联想现实，如果你的身边有一个头脑聪明、气质极佳的女孩，可她不愿意和你交流，总是冷冷的，你会喜欢她吗？如果你的身边有一个既聪明伶俐，又活泼可爱的女孩，她乐于助人、爱好交友，总是能给身边的人带来快乐，你在喜欢她的同时，自然会把她当成女神。

☆ ☆ ☆

郭莹莹最近转入了一所新的中学，她的环境适应能力非常强，很快便融入集体之中。

学校里最近要组织一次歌唱比赛，要求各班级积极参加。班主任最初得知这个消息的时候，非常头疼，因为班级里没有擅长唱歌的同学，大家也似乎都对唱歌提不起兴趣，因为每次都是倒数第一。

郭莹莹的歌唱得很好，她得知这个情况后，主动向班主任请缨，表示愿意担任领唱。在排练过程中，她充分发挥自己的特长，并对同学们进行专业的指导，同学们在她的带领下，不再像以前那样回避唱歌，而是信心十足地对待此次比赛。最终，同学们在本次歌唱比赛中大放异彩，大家都非常开心，老师也觉得很欣慰。

郭莹莹的学习成绩也很好，即使转校也没有对她造成什么影响，而郭莹莹的同桌芳芳却是一个不喜欢学习的女孩。期末考试迫在眉睫，郭莹莹要帮助芳芳提高成绩。

她利用课余时间帮助芳芳补习功课，不停地督促芳芳认真学习。结果，功夫不负有心人，芳芳在期末考试中取得了很大的进步，芳芳因此十分感谢郭莹莹。

不光如此，郭莹莹还在很多方面都表现得十分优秀，她的好性格也让大家很喜欢和她相处。在大家的心中，她就是"女神"般的存在。

☆ ☆ ☆

故事中的郭莹莹不仅学习成绩好，还擅长唱歌，其他方面几乎样样精通。可真正让她成为同学们心目中"女神"的原因，是她乐于助人、活泼开朗的性格。正是因为她总是能够让身边的人产生亲切感，所以大家才喜欢和她接触，把她奉为"女神"。

我们不能将所有"女神"都绝对定义为活泼可爱，但是我们可以肯定的是，只是一味地高冷是无法成为真正的"女神"的。所以，女孩在平时不能因为要把自己塑造成"女神"，便急于求成，用"高冷"包装自己，这样反而会适得其反，让身边的人讨厌你，远离你。

如果你是一个性格内向、不善与人交往的女孩，不用苦恼，你可以通过以下方法塑造你的"女神"形象。

首先，女孩要找到自己的优点，或是独特之处。这个世界上，没有人是一无是处的，每个人都有属于自己的优点，所以女孩要找到它，并把它发掘出来，让更多人看到你的闪光点。

其次，女孩应该学会塑造自信心，让自己每天都自信满满、朝气蓬勃，这样会让别人觉得和你相处很愉快，而且愿意接近你，和你交朋友。

最后，女孩应该多学知识，培养广泛的兴趣爱好，拓展自己的知识面，让自己变得越来越好。当然，如果女孩认为太多的兴趣会让你力不从心，那么你可以专注于一件事情，把它做好、做精，这样的女孩也会得到别人的欣赏，成为"女神"般的存在。

第四章

明德惟馨

——美德给女孩清雅脱俗的气质

气质到底是什么样的东西呢？我们很难从言语上把它形容得清清楚楚。因为，在某些时刻，我们甚至会从一名乞丐身上发现和气质相关的存在。这是为什么呢？因为气质和太多种因素有关，美德就是其中不可或缺的一种。拥有良好品德的女孩，即便外表不出众、成绩不出彩，也会受到他人瞩目，成为一个有气质的女孩。

有同情心的女孩会发光

同情心是一种美德，是女孩应该保有的最基本的品德；富有同情心的女孩是善良的、美丽的、气质独特的。哪怕一个女孩长相普通，但只要她具有同情心，就会被人另眼相看，让人觉得她气质非凡。同情心就是有这么大的魔力，它能让女孩变成爱的天使。

☆ ☆ ☆

周宁宁是一个可爱的女孩，平时特别喜欢玩闹，她每天一写完作业就会跑出家门，父母觉得没有什么危险，也就任凭她玩闹了。

但是最近，周宁宁的父母总是会听到一些关于女儿不太好的言论，经常有小区里的孩子说周宁宁爱欺负人，没有同情心。

这是怎么回事呢？

原来，前几天小区里新搬来了一户人家，那户人家家里有一个孩子，因为生病的原因，脸上有块黑痣，其他孩子看到了，有的好奇会问一两句，听到是因为生病的原因，全都安慰她，只有周宁宁在一旁取笑她，说她是丑八怪。

"丑八怪，今天吃饭了没？我带了好吃的，要不要一起吃？"

"丑八怪，你怎么不理我啊？我今天真的带了好吃的食物，咱们一起吃吧。"

连说好几句话，被称作"丑八怪"的孩子都没有理周宁宁，周宁宁不高兴了，反而更来劲儿地在她身边闹腾起来，围着"丑八怪"又是讽刺，又是嘲笑。

"丑八怪"最后受不了了，气得哭着跑到周宁宁家告状。

妈妈道歉后，对周宁宁说："你这样做很不好，她因为生病而成为现在的样子，这已经让她很难受了，你还欺负她，你太没有同情心了。"

周宁宁却不以为意地说道："逗她好玩嘛。再说了，我没有恶意，并没有真的想要欺负她啊。"

妈妈说了几次，她都不听，只好摇着头走开了。

第二天，妈妈回来的时候，带回来一只流浪猫，脏兮兮的，只有巴掌那么大点儿，十分瘦弱。周宁宁回来看见后，很心疼地看着小猫对妈妈说："妈妈，它好可怜啊，我们该怎么帮它，它才能健康地长大呢？"

妈妈没想到，爱欺负小伙伴的女儿竟然还有同情心泛滥的时候，便想着趁此良机培养一下女儿的同情心。

于是，她对女儿说："小猫现在还比较虚弱，如果我们好好地照顾它的话，它一定会健康起来的，就像你总是欺负的'丑八怪'，只有咱们尽心地帮助她，她才能健康长大啊！"

"是吗？原来她也和这只小猫一样那么弱小啊！如果是这样，以后我就不叫她丑八怪了，也不再欺负她了。"周宁宁说道。

有了这样的意识，从那之后，周宁宁还真没有再叫过对方"丑八怪"，也没有再欺负她，而是真诚地和她交朋友，尽心地帮助她。

☆ ☆ ☆

很多女孩在很小的时候就经常听到父母这样教诲她们："挨打了要还手，宁可欺负别人也不能被别人欺负。"正是这样的强势教育让越来越多的女孩失去了同情心，对需要她们帮助的同学、朋友或视而不见或出言侮辱。"别人打你，你要打他。"这样的教育让女孩慢慢变得自私自利，不懂得爱和爱心到底是什么。情况严重的，不仅会失去同情心，连对父母亲人都不会感恩，这样的人最终会成为一个唯利是图、让人讨厌的人。

☆ ☆ ☆

王佳慧生活在一个平凡的家庭里，虽然条件说不上有多好，但也算衣食无忧，家庭和睦，父母对她也十分宠爱。这让她觉得自己的生活十分幸福，所以她每天都过得很开心、很充实。

但偶尔，她也有自己的苦恼，那就是父母让她照顾生病的奶奶的时候。

奶奶因为摔伤，快半年下不来床了，父母每天都会给奶奶擦身换衣，把奶奶照顾得十分妥当。有时候忙不过来，就会让王佳慧帮忙端水倒水。

王佳慧觉得奶奶身上有一股味道，所以每次都不情不愿，磨蹭半天才过去帮忙。

今天放学回家后，王佳慧看见妈妈在给奶奶换衣服，她看看床边，今天没有摆洗脚盆，看来是妈妈还没有倒水过来，如果妈妈发现了她，肯定又要让她给奶奶端水倒水了。

想到这里，她赶紧缩起脖子，悄悄地往自己房间走。

"慧慧，你回来啦？"

可惜妈妈还是发现了她，她连忙急跑几步，对妈妈说："妈妈，我去做作业了。"

"等一等。"妈妈刚帮奶奶换好了衣服，手里拿着一堆换下来的脏衣服从奶奶房间走了出来，对她说，"先去倒点热水过来，我帮奶奶擦擦身子。"

"天天擦，皮都擦掉了。"王佳慧明显不乐意去。

妈妈眉头一皱，语气有些严厉地说道："你这是什么话，不擦干净奶奶会生病的，她可是你的亲人。"

"真是事儿多。"王佳慧不高兴地嘟囔了一句。

妈妈听到后突然生气地板起了脸："你刚才说什么？你平时对外面的乞丐都挺有同情心和爱心的，怎么对待自己的亲人反而这么没有同情心了？奶奶生病需要人照顾，只是让你倒盆水，你一个劲儿地抱怨什么？"

"没……我什么也没说，我这就去倒水。"王佳慧吓了一大跳，怕妈妈真的生气，赶紧去倒水了。

后来，她想了想妈妈的话，觉得很有道理。她平时在路边看到脏兮兮的乞丐时还会心疼一下，怎么对自己的亲奶奶反而失去了同情心和爱心了呢？这可不好。

从那以后，每天一放学回家，不用妈妈催促，她都会主动来到奶奶的房间，干不了重活，就陪奶奶说话聊天，把奶奶逗得哈哈大笑。

☆☆☆

培养同情心、爱心属于情感教育，是女孩在成长过程中必不可少的一项教育工作。富有同情心的女孩在人生的道路上更容易获得他人的好感，更容易得到他人的帮助。

有一句话叫"有同情心的女孩会发光"，这并不是一句奇幻的话，这里说的发光也不是真的发光，而是气质所体现出来的个人魅力。有同情心的女孩身上会自带一种"光环"，无形中会吸引他人的目光，让他人对女孩心生好感，愿意与她接近和交往。因此，女孩平时一定要注重同情心的培养，遇到需要帮助的人时，一定要尽自己所能给予一定的帮助。面对潦倒的人时，不要嘲笑和诋毁，因为这是很不礼貌的行为，这会为女孩的气质减分。

当然，在帮助他人的时候，女孩要注意自己的人身安全。如果是在比较危急的时刻，女孩一定要寻求附近大人的帮助，不要因为心急而将自己置身于危险之中。

谦谦女子，人见人爱

现在的女孩大多是被家里宠爱着长大的，经常以自我为中心，不知道谦虚为何物，做事喜欢四处显摆，自己有一点儿小成绩，就骄傲得到处吹嘘，还特别争强好胜。当别人比自己有能力时，自己就不能平心静气地接受，总是喜欢事事争个高低输赢。这样的女孩早就把"谦虚使人进步，骄傲使人落后"的训诫抛到了脑后，表现得完全没有修养，更别提拥有人见人爱的气质了。

☆ ☆ ☆

吴晴晴是一个十分聪明好学的女孩，她从小就是别人眼里的"神童""高才生"，周围的小伙伴对她是既爱又恨。

喜欢她的聪明，却又痛恨她的出色。

尤其是最近，吴晴晴简直成了小伙伴中的"眼中钉、肉中刺"。

原来，最近，吴晴晴在参加一次省级比赛中获得了第一名的好成绩，而且马上就要代表省城参加全国比赛了。如果能在全国比赛中取得前三名的好成绩，还有可能代表中国参加世界级的比赛。

这对吴晴晴来说是天大的好事，对其他人来说本来也应该是件感到光荣和自豪的事情，但吴晴晴骄傲的态度惹得大家纷纷希望她落选。

吴晴晴自从比赛获胜后，就再也瞧不起周围的小伙伴，对谁说话都是一副高高在上的口气，这让大家十分不舒服。

"晴晴，你以前不是这样的，你变了。"吴晴晴的邻居小莉说道，"你现在太骄傲了，不就是得了个省级第一吗？又不是全国第一，你这么得意干什么？"

现在吴晴晴的眼里简直谁都没有，小莉实在是气不过才说出这样的话来。

"我马上就是全国第一，马上就要代表国家参加国际比赛了，你们这些乡巴佬、没脑子的家伙才不配做我的朋友呢，以后不要再来找我玩了。"吴晴晴骄傲地说。

"你太过分了。"小莉气得呼呼喘气，"胜不骄，败不馁，你知不知道谦虚两个字怎么写？你这样骄傲，早晚会受到伤害的。"

"你是嫉妒我才这样说的吧。"吴晴晴不想理她，以前把她当成好朋友是因为两个人水平差不多，现在她远超了对方，自然就不稀罕和她做朋友了。

小莉听到她的话，气得说不出话了，也不想再理她，转身就走了。

☆ ☆ ☆

谦虚是一种美德，更是一种修养，是女孩应该必备的气质魅力。谦虚的女孩更讨人喜欢，更容易获得成功，也更容易成长为有用之才。女孩要知道，这世上的每个人都是有优点和缺点的，我们不能一味地放大自己的优点，更不能一味地突出他人的缺点。在面对外界的夸奖和称赞时，女孩要学会谦虚理智地对待，不能因为一时的得意，而毁了自己的修养和气质。

☆☆☆

女孩娟娟从小就比较内向，虽然她也有自己突出的优点，但因为性格的原因，她总是觉得自己不如别人优秀。当有人夸奖她的时候，她会害怕得连连否认，把自己说得一无是处。

有一次，娟娟的手工作品在市里的比赛中取得了较好的名次，同学们都来恭喜她，她却自谦地说："肯定是哪里弄错了，我的手工太差了，怎么可能得奖。"

"评委都是权威人士，怎么会弄错呢，肯定是你的手艺得到了肯定啊。"一个同学说。

另一个同学也连连点头："你不要这么谦虚吗，有空教教我们做手工吧。"

娟娟吓得连连摆手："不行不行，我这水平，怎么能教你们啊。我，我真的很笨的，肯定是评委弄错了。"

话说到这里，连同学们都觉得尴尬了。说娟娟是谦虚吧，可这也太谦虚了吧；要说真的是评委弄错了，可娟娟的作品他们大部分人也都见过，确实很不错啊，怎么娟娟一点自信都没有呢？真是太奇怪了。

☆☆☆

谦虚的女孩可以说是人见人爱，但是有些时候，女孩为了达到谦虚的目的而失去了自信和自我，这反而使自己失去了应有的光彩。那么，女孩应该怎样把握谦虚这个度呢？

首先，女孩要学会认识自己，了解自己。女孩要知道自己是怎样的一个人，有什么样的优点和缺点。在对自己有了最基本的了解后，女孩才能协调好谦虚的度量，不至于过于自我，也不至于失去自我。

其次，女孩要真诚而理智地面对外界对自己的赞美之词。如果是真挚而诚恳的赞美，女孩可以大大方方地接受，并回以感激；如果是没有诚意的敷衍之词，女孩也不要反应过度，要把这些当成平常事，以平常心来对待。谦虚并不是要一味地否定自己，该接受的时候接受，该谦虚的时候谦虚。这样，才能让女孩成为一个人见人爱的人，在人生的道路上才能收获更多的财富。

另外，女孩如果实在不知道该怎样学会谦虚处事，则可以适当地读一些名人谦虚的事迹，从名人的身上学习，以他们为榜样，看他们是如何谦虚为人、成功做事的。这种言传身教的故事，有时候比任何方法都有效，它能让女孩快速地成长为人见人爱的"谦谦女子"。

宽容的女孩最快乐

常言道："宰相肚里能撑船。"宽容是一种高尚的品德，是能成大事者所具备的美好气质。女孩要学会宽容他人，即使是面对伤害过自己的人，也不要失去自我，要学会宽容对方，净化自己的心灵，使自己得到升华，做一个快乐的无忧天使。

☆ ☆ ☆

最近，学校组织了一次春游活动，要求每位同学必须带一名家长陪同，这样一来，既可以保证学生们的安全，又能增加亲子感情，可谓一举两得。为了保证学生和家长的安全，学校还安排了一些工作人员，沿途照顾他们。

但是在活动中，发生了一件不太愉快的事情。两个妈妈去洗手间的时候，把孩子交给了工作人员，让他们帮忙照看一下。可当两个妈妈从洗手间出来的时候，却发现孩子不见了。

原来，因为需要照顾的孩子太多，工作人员一时疏忽，就把两个孩子看丢了，等工作人员找到孩子后，已经是傍晚。原来，两个孩子贪玩迷了路，又冷又饿地在郊外的小树林里待了半天。

一位家长很生气地质问孩子："到底是谁没把你看好啊？"孩子吓得一言不发，只知道不停地哭。"走，到学校投诉她去！"孩子哭得更凶了。

而另一位家长则没有责怪工作人员，而是来到孩子身边，蹲下身子，一边拍着孩子的后背，安慰孩子，一边对他说："儿子，不哭，妈妈在这里，已经没事了。刚才你们老师知道你不见了，吓得脸都白了，她不是故意把你看丢的，为了找你，她连裤子都刮坏了。你受了惊吓，你们老师也被吓到了，咱们一起去安慰一下她，好不好？"

儿子听到妈妈的话后，便渐渐不哭了，慢慢走到老师身边，对她说道："老师，谢谢您找到了我们，要不然，我们都不知道能不能回来呢。给您添麻烦了，真对不起。"

这件事，本来是工作人员的失误，而现在家长和孩子竟然宽容地原谅了他们，老师激动得眼睛都湿润了，说："没事，老师也有错，平安就好。"

☆☆☆

在生活和学习过程中，朋友、家人或是同学间都难免发生不愉快的事情，如果因为一点小事而争吵，就会既破坏了友谊，又毁了愉快的心情。当遇到不愉快事情的时候，我们应该学会宽容他人。

为什么宽容使女孩觉得快乐呢？这是因为，当别人伤害女孩的时候，如果不宽容对方，最难过、心情受到影响最多的是女孩本人。如果女孩在别人伤害自己的时候生气、难过，不能自已，那么她就是在用他人的过失惩罚自己。所以不如大方地原谅对方，宽容对方，让自己在气度上先赢一步。

☆ ☆ ☆

楚庄王时，楚国发生了一场内乱。

内乱平息以后，楚庄王设宴款待群臣，一来庆贺，二来嘉奖有功之人。

宴会设在晚上。楚庄王有一宠姬，叫许姬。楚庄王为了表示对臣属的感激，把许姬也叫到了宴会上，令她为各位臣僚斟酒。酒到半酣，突然刮起一阵大风，将宴会上的烛火全吹灭了。

这时，许姬突然感到有人在黑暗中拉她的衣袂。许姬本人有一身好功夫，自然反应极快，反手一把将那人头上的冠缨抓在手中。许姬来到楚庄王的面前，悄声告诉楚庄王有人对她非礼，她已经抓住了非礼者的冠缨。

楚庄王听了，恰巧宫人正准备重新点燃烛火，谁料到楚庄王却下令：暂缓点燃烛火，并让每个人都把冠缨取下，痛饮尽欢。

不久，楚庄王出兵攻打郑国。健将唐狡自告奋勇，愿率百名壮士为全军先锋。唐狡拼命杀敌，使楚国大军一天就攻到了郑国国都的郊外。

楚庄王夸奖统帅大军的襄老，襄老说："这不是我的功劳，是副将唐狡的战功。"

于是，楚庄王决定奖赏唐狡，并要重用他。唐狡说："我就是那位牵美人衣袂的罪人。大王能隐臣罪而不杀，臣自当拼死以效微力，哪敢奢望奖赏呢？"

☆☆☆

宽容不仅仅是一种做人的雅量，更是一种文明的标志，它体现的不仅仅是一个人的胸怀，更是一种博爱的人生境界。女孩要知道，人与人之间难免会发生一些小误会、小摩擦。这时候，不要一味地斤斤计较，而应该选择宽容他人。女孩要学会化干戈为玉帛，这样能使女孩的气质变得温和，无形当中消除彼此间的矛盾，能让女孩更好地处理人际关系，成为出色的人。

法国著名作家雨果曾说："世界上最广阔的是海洋，比海洋更广阔的是天空，比天空更广阔的是人的胸怀。"一个人拥有了广阔的心胸，也就拥有了快乐的源泉。所以，对他人的宽容，就是对自己心灵的解放。凡事斤斤计较，不能原谅、包容他人的人，就是将烦恼和不快带到了自己身上。

每个人都会犯错误，今天你能够宽容别人，明天当你犯错误的时候，你才会得到别人的宽容。宽容，能化解不必要的误会，能让人心中充满快乐，这就是宽容的力量。对于别人的不当行为，如果时刻牢记在心，自己会很生气，伤害的只能是自己。如果对于别人的过失，在适当的范围之内，女孩能够给予宽容和理解，那么，心情自然会好起来，生活也会过得更快乐。

女孩也要有正义感

很多时候，女孩会觉得伸张正义是男孩的事情，和女孩关系不大。女孩会不自觉地把自己归属为弱者，面对恶劣事件时只想着蜷缩在强壮的人身后，很少会想自己主动出头伸张正义。女孩缺少正义感和她受到的家庭教育及生活环境有很大的关系。女孩总是会被当成弱小的存在，在家庭里被保护得严严实实，就算到了外面，也会认为男生才是正义的化身，女孩伸张正义简直是自不量力。种种因素，让女孩渐渐失去了正义感。

☆ ☆ ☆

米拉是一个小女孩。有一次，她和同学们约好了一起逛街买文具，所以早早地就出门了。

来到约好的地点，同学们还没到，她就打开随身携带的一本书，看起书来。

不一会儿，从对面走来两个和她年龄相差不大的男生，一个男生一直在欺负他的同伴，嘴里还骂骂咧咧的，举着手想要打他的同伴。

米拉看到后心里十分不舒服，替被欺负的男生感到生气，但她有点怕想打人的男生，便往旁边走了两步，想躲开他们。

想打人的男生注意到她的行为，就把矛头指向了她。

"你躲什么躲？这是什么表情？看不顺眼啊？看不顺眼你就来打我啊。"男生嚣张地说。

米拉生气地想要同他理论一下，这时，她约好的同伴正巧赶到了，见势连忙拉住了米拉。

"别去，你一个女孩怎么是男生的对手，小心挨打。"同伴小声说道。

"可是他欺负人。"米拉生气地说。

"又没有欺负你，走吧，咱们去那边等其他人。"同伴拉着她往远处走。

米拉还想说什么，但看了一眼低着头不说话的一直被欺负的男生，她也低下了头。

"连男生都打不过他，我过去凑什么热闹啊。"这样想着，她无力地离开了那个地方。

☆ ☆ ☆

正义并非独属于男生，女孩也应该有正义感。可能在体力、武力等方面，女孩要弱势一点，但气势不能输给男生。女孩要相信，一个人心中的正义之声，会提醒自己做正确的事。做人要有正确的是非观，要勇于培养自己的正义感，在保护自己的前提下，做一些正义的选择。

☆ ☆ ☆

张蒙蒙这天放学回家后，身上的衣服不仅弄得脏兮兮的，脸上还青了一块儿。

妈妈看到她这副样子，十分惊讶，连忙问她："蒙蒙怎么了？受伤了吗？"

张蒙蒙虽然脸上很疼，但还是爽朗地说道："没事，就是和人打了一架。今天妮妮被我们班一个男生欺负，我看不过去，就过去教训了那个男生一顿。"

"什么？你竟然和男生打架了？伤得严重吗？"妈妈担心地问。

"我没事，倒是妮妮要伤心了。"张蒙蒙叹了口气说道。

"她也受伤了？"妈妈一边问，一边紧张地把张蒙蒙转过来转过去，仔细检查她身上还有没有其他伤。

"她倒是没受伤，就是妮妮今天上学时带来一个新的文具盒，非常漂亮，还是自动的。那是她妈妈昨天刚买给她的，被那个男生抢了过去，他非要让妮妮把文具盒送给他，妮妮不肯，他就想要打妮妮。后来我过去教训了他一顿，他竟然把文具盒摔到了地上，摔坏了。"张蒙蒙说起这件事还是一脸气愤，"好好的文具盒就这样坏掉了，妮妮肯定要伤心一段时间了。"

"哎呀，一个文具盒坏了就坏了，那个男生不会报复你吧？"妈妈着急地问。

张蒙蒙说："当时我就在教室里，这件事明明就是那个男生不对，所以我就走上去制止他，不让他打妮妮。他敢报复我？我还想再修理他一顿呢！"

"你可是女孩子，班里其他人都不管，就你有本事管这种闲事！万一被报复了怎么办？"妈妈生气地说道。

"我才不怕呢！遇到这种事，我必须伸张正义。"张蒙蒙认真地说。

"你一个女孩子要什么正义，明天我就去和老师说一声，一定不能让那个男生报复你！"妈妈擦了擦手心的汗说。

张蒙蒙却觉得妈妈太小题大做了，为什么女孩子就不能有正义感了？她也可以很强壮，也可以保护别人啊！

☆☆☆

女孩要勇于培养自己的正义感，不能胆小怕事，要勇敢地指出他人的不当行为，不能因为害怕受到伤害就约束自己少管闲事。当然，也不能鲁莽地去指责对方，而是要有一定的技巧，让自己在不得罪对方的同时还能维持正义，主持公道。

具体应该怎样培养自己的正义感呢？以下两种方法可以为大家提供参考。

首先，女孩可以多看一些正能量的新闻报道或名人事例，从这些正能量的事件中给自己积极的心理暗示。当女孩在看到正能量的时事新闻报道时，要积极思考事件中各个人物的行为是否正确，以此树立自己健全的人生观、价值观和是非观。通过自己的思考和分析，让女孩渐渐明白什么是善、什么是恶、什么是正义，怎样做才是坚持正义，同时又能保护好自己。

其次，在生活中给自己找一个正义的榜样。年轻的女孩正是处在开始崇拜他人的阶段，如果能在生活中给自己找到一个正义的榜样，那会对女孩培养自己的正义感有很大的帮助。女孩可以在自己身边看一看，周围有没有正义感爆棚的人物，他可以是自己的父母朋友，也可以是素不相识但真实的人，通过观察这些人和经历的事来激励自己，培养正义感。

但是，需要注意的是，女孩毕竟年纪小，做事要量力而行。女孩一定要在保护好自己的前提下做好人好事，不能鲁莽行事，一旦发现有自己处理不好的事情，要及时向父母亲友求助，千万不要把自己置身于危险之中。

诚信的女孩最可靠

诚信，是人生最宝贵的财富，是一个人获得他人信任和支持，并在人生道路上逐步走向成功的重要资本。但是，现在很多女孩觉得诚信和她们没有什么关系，甚至有些女孩认为女孩成不成功无所谓，反正诚信和成功大多是男孩的事情。这种想法实在是大错特错。谁说女孩不需要成功，谁说女孩讲不讲诚信都没关系？其实，女孩更应该讲诚信，诚信可以提升自己的气质和形象。

☆ ☆ ☆

语文课上，老师留了一项作业，让大家写一篇500字左右的作文，题目是"勇气"。

"同学们，下周一上学的时候，大家就要把作文交上来。大家一定要认真写，最好是以自己身边发生的事情为参考，写真实经历过的一些事情，要体现出自己的勇气。"老师说完，就下课放学了。

明天就是周末，同学们一哄而散，都急着回家去玩儿了。

女孩小莱却愁眉苦脸地坐在课桌前，一点儿没有收拾书包回家的意思。

"小莱，你怎么还不回家啊？"小莱的朋友朵朵背着书包喊她一起回家。

小莱苦恼地说："我在发愁作文怎么写呢。"

"随便写写不就行了？"朵朵说。

"可是我没有经历过类似的事情啊。勇气，这样的话题，我该写什么事情来表达呢？"她苦恼的是这个问题。

听了小莱的疑惑后，朵朵哈哈大笑道："这有什么难的，随便编一两个故事不就行了！"

"编故事？可这是写作文啊，难道不应该写发生在我们身边的事情吗？"小莱疑惑不解地看着朵朵。

朵朵小声对她说："咱们天天不是上学就是在家里待着，哪经历过那么多事情。其实大家的作文很多都是杜撰的，根本没发生过。"

"啊？真的假的？那平时老师当作范文读过的那些作文呢？"小莱问。

"那得看具体是什么内容了，不过大部分都是编出来的。"朵朵说，"就比如这次的"勇气"主题的作文，你周一就看吧，肯定一大堆什么爬高山遇险啊，和小偷博斗之类的内容。咱们也照着写就行了。"

小莱不敢相信，原来平时大家的作文都是这样写出来的，但她还是想写一些真实发生在自己身边的事情，所以仍旧苦恼着要写什么。

到了周一，等听到了语文老师读的范文后，她彻底蒙圈了。

原来，真的像朵朵说的那样，同学们都写了很多不可能发生的"假"作文。

☆ ☆ ☆

相信很多女孩在学习期间都写过作文。曾经有篇报道中说抽查一个班级近50名学生的作文情况，其中有30多名学生的作文是瞎编出来的，很多内容都是虚假的，不是真实发生过的事情。这是什么行为？是谎言，是不诚信！如今，越来越多的女孩将"诚信"视若无物。像上面报道中的事情，在学校里其实是很普遍的现象，很多女孩把根本没有经历过的事情编写出来，自己却没有认为有什么不妥的地方，这其实说明，她们已经在不知不觉中丢掉了自己的诚信。

☆ ☆ ☆

有一个小女孩名叫苏娅。

她从小就爱撒谎，爱偷东西，所有的小伙伴都不愿意和她一起玩耍。

时间一长，寂寞的苏娅感觉十分痛苦。她渴望获得友情，希望能在小伙伴当中受到欢迎。

当她得知自己不受欢迎的原因是自己的恶习时，苏娅痛下决心，一定要改变自己。很长一段时间，她都在克制着自己，当她想要说谎的时候，她就会闭紧嘴巴让自己不说话。当她想要偷东西的时候，她就会双手紧握在一起，让自己没办法伸手拿东西。

就这样，过了很久，苏娅终于改掉了自己的恶习，不再是一个满口谎话的"小偷"。但是，没有人愿意相信她改过自新了，她仍旧找不到一个朋友，这让她更加痛苦。

"我该怎么办？"有一天，她伤心地坐在学校操场上，偷偷地抹泪。

"苏娅，你在哭什么？"班主任注意到她后，就坐到了她身旁，向她询问情况。

一开始，苏娅还不肯说出自己的情况。后来，她一想，反正也没人相信自己，不如就当是发泄情绪吧。

于是，她把自己的心事都告诉了班主任。

她说："我真的改好了，不再说谎，也不再偷东西。我想交朋友，想变得受欢迎，可是大家都不相信我。"

说着，她又难过得掉下了眼泪。

班主任静静地听她说完后，突然问她："我能相信你的话吗？

你现在已经是个诚信可靠的小姑娘了，对吗？"

"当然！"苏娅斩钉截铁地回答道。

"好的，我知道了，明天早上的班会，我会给你一个惊喜的。"班主任说完就和苏娅说了再见。

苏娅心想，能有什么惊喜？反正只是又多了一个不相信她的人罢了。她难过地回了家。

第二天到学校没多久，就开始开班会了。

她本来以为这又是一场和自己无关的班会，没想到班主任却在班会上公布了一个重要决定。

"我决定，从今天开始，咱们班的班费，由苏娅来管理。"

"什么？这怎么可以，她是个骗子。"

"还是个小偷。"

"对，她会把钱都偷光的。"

同学们一言一语地说着反对的话。

但班主任却笑眯眯地看着苏娅，苏娅受到鼓舞，猛地站起来，坚定地说："我，我一定会做好的，我一定会让你们相信我的。"

☆ ☆ ☆

有研究发现，女孩不讲诚信，大多是从说谎开始的。喜欢说谎的女孩内心极度缺乏信任，除了自己，她们谁也不信，对什么人都持有怀疑态度，即便是面对最亲近的父母，也会变得十分敏感、多疑。她们的世界已经没有诚信可言，而且生活得十分痛苦。可见，诚信对女孩的影响是不可忽视的。

如何才能成为一个诚实可信的女孩呢？

首先，女孩应该遵守诺言，不说谎。诚信的女孩应该远离谎言，虽然有时候女孩说谎时并无恶意，但说谎成为习惯之后，就会对自己的道德观产生严重的影响，也会限制女孩对事物的认知能力，对女孩的成长十分不利。

另外，女孩要学会勇敢面对自己的错误。有时候，因为害怕受到责罚，女孩选择了逃避责任，因此变得失去诚信，让人对她感到失望，认为她不再是一个可靠的人。所以，当女孩犯错的时候，不要害怕，要勇敢地承认自己的错误，要勇于担当，这样才能成为他人眼中诚实可信的人。

第五章

腹有诗书气自华

——冰雪聪明的女孩更迷人

　　"知识可以改变命运"，这是十分肯定的事实。而多读书改变的不仅仅是命运，还会改变女孩的气质，让女孩变得魅力四射，成为人人称赞的才女；使女孩更迷人，更受欢迎。因此，女孩一定要多读书、读好书，增加自己的知识储备，不要让自己有"书到用时方恨少"的遗憾。

女孩修炼气质，要从读书开始

对于女孩来说，修炼气质是必不可少的，那么女孩该如何修炼自己的气质呢？很多女孩认为学习舞蹈、歌唱是修炼气质的开始，于是，她们开始争先恐后地报名参加各种各样的培训班。其中，有的女孩可以学到很多东西，从中受益颇多，而大部分女孩只能是白白浪费时间、精力和金钱，到头来什么都学不到。

☆☆☆

王静是一个小学五年级的女孩，他们班最近来了一个转校生，这个转校生是一个非常文静的女孩，而且舞蹈、钢琴全都拿手，也很有气质，大家都很喜欢她。

王静看了十分羡慕，她也想要变成一个有气质的女孩子。

于是，她回到家，哭闹着和妈妈说："妈妈，我要去学舞蹈和钢琴，您帮我报吧。"

妈妈说："你小的时候，妈妈给你报过一个芭蕾舞班的，可是你怕吃苦没有坚持下来，现在你确定自己能够坚持下来吗？"

王静说："那我就学习钢琴好了，学钢琴也能够提升气质，您放心吧，妈妈，我一定会坚持下来的。"

妈妈说："其实，提升气质不一定非要去学习舞蹈或者弹钢琴，你多看看书，也能提升气质啊。"

王静听不进去妈妈的劝告，一味地想要学习钢琴，妈妈无可奈何，只得帮她报了钢琴班。

结果，王静在钢琴班依旧无法专心学习，总是三天打鱼两天晒网，没多久，便提出要放弃学习钢琴。

最终，王静不仅没能靠学习钢琴提升自己的气质，反而浪费了很多时间和金钱。

☆☆☆

故事中的王静十分羡慕班级新来的转校生，因为那个转校生擅长舞蹈、钢琴，气质颇佳。所以王静也想要成为一个有气质的女孩，于是，她开始寻找转校生身上的特点，觉得自己要从学习舞蹈或者弹钢琴开始来提升自己的气质。于是，她盲目地报了学习班，结果自己无法专心学习，最终导致平白浪费了时间和金钱。

在生活中，一些多才多艺、气质出众的女孩总是容易引起我们的注意，所以，在我们的心里，总是认为培养气质一定要从学习舞蹈等才艺开始。于是，我们开始盲目地想要学习才艺，盲目地报各种培训班，不论这种才艺是否适合我们，只要是能提升气质就去学习它。一段时间后，才发现自己根本不喜欢，根本无法坚持学习。最终，不仅没有达到提升气质的目的，反而让自己白忙一场。

有一句话是"腹有诗书气自华"。可见，提升气质并不一定要从学习舞蹈等才艺方面入手，培养自己的阅读兴趣，同样可以让你拥有气质。相对来说，阅读更加容易入手，对我们来讲也更加方便，它同样能够提升我们的内涵，培养我们的气质。

☆☆☆

李黎是一个很喜欢读书的女孩。从小学开始，她便喜欢把零用钱攒下来，去书店买自己喜欢的书。

起初，妈妈担心她会看一些与学习无关的杂书，影响学习，所以总会监督她看了什么书。后来，妈妈发现李黎十分自律，看的书全都是对她有益的，便也不再管她。

李黎平时在学校里人缘很好，大家都觉得她十分有气质，懂得很多，所以都十分崇拜她。

一次，学校里组织知识竞赛，李黎代表班级参加。她在现场表现得十分自信，淡定自若地回答着每一个问题，最终为班集体赢得了荣誉。

自此以后，李黎"小才女"的名声便在学校里传开了，她成了大家争相学习的"偶像"。

其中，有很多女孩来向她请教提升自身气质的方法。

李黎对她们说："我认为提升自身气质，不一定非要去学习舞蹈或者歌唱，我们可以从读书开始。当然，不要读杂书，要读一些对自己有意义的书。书读得多了，你知道的东西就多了，自然而然，你就会信心满满，气质自然也会提升。"

同学们听了，纷纷喜欢上了读书，班级里一时间形成了一股"爱读书"的好风气。

☆ ☆ ☆

故事中的"小才女"李黎十分喜欢读书，简直可以称为"嗜书如命"。她通过读书提升了自己的内涵，使自己懂得很多知识，同时也提升了自己的气质。她出口成章的本领，让同学们十分崇拜，她自己也获益匪浅。

女孩们，你们要知道，真正的气质并不是靠外在装饰出来的，而是由内而外散发出来。假如你会唱歌、跳舞，可是头脑空空，什么都不懂，那么没有人会觉得你是一个有气质的女孩。相反，如果你知识渊博，懂得很多知识，无论什么话题都能够侃侃而谈，那么即使你不会唱歌、跳舞，大家也会觉得你散发着不一般的气质。

如果你觉得自己总是对于阅读提不起兴趣，那么可以试一试下面的方法。

首先，女孩可以先从一些简单有趣的书籍读起，以此提升自己的读书兴趣。但是，要切记，不可以读那些毫无益处的杂书。如果你无法辨别书籍的好坏，那么你可以请教老师或者家长，请他们协助你选择书籍。

其次，女孩可以看一些优美的散文、诗集，让自己静下心来，去体会其中的奥妙。女孩可以准备一个摘抄本，把一些你觉得写得很好的句子摘抄下来，利用空闲时间去背诵它们，试着仿写一些句子，这不仅可以增加你的内涵，提升你的气质，还可以提高你的写作水平。

最后，女孩可以读一些名著。国内外有很多值得细细品味的名著，你可以从中学到很多东西。起初，你刚接触到这些名著，可能会有些茫然，觉得自己看不懂，这时候，千万不要觉得遇到困难就想轻易放弃，要继续读下去。如果遇到不懂的地方，多多请教别人，渐渐地，你会发现你已经爱上了阅读。当你的知识积累到一定程度后，你会发现自己的气质也随之提升了。

古诗词里出美人

有这样一句话："读史书使人明智，读诗书使人灵秀。"这句话说得十分有道理。在我国源远流长的传统文化中，古诗词是最为灿烂的瑰宝。最早出现的是《诗经》，后来出现的是《楚辞》，再后来又出现配合音乐而唱的"乐府诗"。随之而来的，还有唐代的律诗和绝句。到了宋代，出现了"词"。到了元、明两代，又出现了一种新的体裁，叫作"曲"。无论是哪种形式的诗词，都是值得女孩反复品读的，都会让女孩从中受益匪浅。

☆☆☆

朱莉是一个正处于叛逆期的小女孩，她总是喜欢违背家长和老师的意愿去做自己喜欢的事情。

最近，朱莉迷上了言情小说。一开始，她只是在课余时间看看，后来她越来越沉迷其中，竟然在课上偷偷看小说。

一次，朱莉在数学课上偷看小说被老师发现了。面对老师的批评，朱莉不以为然。

老师见她的态度这么恶劣，便找来了她的家长。可是朱莉对于父母和老师的教育充耳不闻，还义正词严地说："我看小说可以提高我的写作能力，我也可以从小说中学到很多东西啊！拜托你们不要这么死板，好不好？"

妈妈听了，非常生气，说："没错，看小说确实可以学到很多的东西，可是你处在这个年龄段，太容易被不好的事物引诱了，你看你现在哪还有一个学生的样子。"

朱莉仍然觉得自己没有什么错，她还认为自己的做法很酷，让她显得非常与众不同，还会赢得大家的关注与羡慕。

于是，她死不悔改，继续看小说，还在班级里传播小说。她的行为不光让自己的成绩一落千丈，还影响了同学们的学习，让老师和家长十分苦恼。

☆ ☆ ☆

故事中的朱莉觉得看言情小说是一种潮流，如果不跟上潮流就会被大家鄙视，所以她决定紧跟"潮流"。她不顾家长和老师的反对，坚持做着自己认为很酷的行为，还以为自己的做法会赢得大家的关注与羡慕。殊不知，她为了看小说，不仅顶撞了老师和家长，还毁掉了自己的成绩，这才真的会被大家瞧不起。

处于青春期的女孩，总是对一切事物都充满好奇，而言情小说总是比古诗词更加容易引起女孩的兴趣。当然，女孩不能绝对地否定言情小说带来的效果，但是对于心性还未完全成熟的女孩来说，它很容易使女孩的思想发生偏离，这对女孩的生活是毫无益处的。

女孩正处于一个容易浮躁、叛逆的年龄阶段，古诗词对女孩来说是良师益友，它不仅可以净化女孩的心灵，还可以造就女孩的性格，陶冶女孩的情操，让女孩学会静下心来去享受生活中的美。

☆ ☆ ☆

李雪婷是一个喜欢读书的女孩，她尤其喜欢读古诗词。

一次，学校里组织一次演讲比赛，要求大家围绕"中国传统文化"这一主题来进行演讲。

李雪婷听到这个消息后，十分激动，向老师报了名。

比赛前，所有参赛的同学都在紧张地准备着，只有李雪婷十分淡然，不慌不忙。

李雪婷的同学依依是一个很热心的女孩，她提醒李雪婷："小雪，马上就要比赛了，你看别人都在紧锣密鼓地准备，你怎么一点儿也不着急啊？"

李雪婷笑了笑，说："因为我早就已经准备好了呀！"

依依很奇怪，问："你哪有准备过啊！"

李雪婷说："比赛的主题不是中国传统文化吗？我准备说一说古诗词，我平时积累的古诗词知识刚好可以派上用场。"

依依见李雪婷一副胸有成竹的样子，便也不再担心她了。

到了比赛那天，李雪婷在台上淡定自若，把自己对于古诗词的见解表达得非常清晰、流畅，最终赢得了大家的一致赞同，获得了一等奖。

自此以后，大家都十分崇拜李雪婷，觉得她十分有"女神范"。

☆ ☆ ☆

因为对古诗词的喜爱，李雪婷的生活总是充满文艺气息，同时，她的心不似同龄人一般浮躁，而是十分淡然。这种自信的气质令她总是能够遇事处变不惊，举手投足之间都散发着不一般的气质。

古诗词是一种特殊的语言表达形式，它所散发的魅力足以让女孩为之着迷。李白"仰天大笑出门去，我辈岂是蓬蒿人"的自信满满、杜甫"人生自古谁无死，留取丹心照汗青"的爱国之情、陶渊明"采菊东篱下，悠然见南山"的淡然自若，都教会了女孩很多东西，让女孩受益匪浅。

古诗词里出美人。女孩不仅要认真品味古诗词，还要认真领悟其中的奥妙。在此，有一些品读古诗词的方法供大家参考。

首先，女孩在学习古诗词的时候，千万不要死记硬背，应该先把古诗词的意思理清楚，再仔细品味古诗词的含义；同时，还要了解清楚作者的背景，以及他在写作时的情感历程。试着把自己当作诗人，从作者的视角去看待这首诗，那么你会发现，自己体味到了完全不同的味道。

其次，女孩可以在学习古诗文以后，和几个好朋友组队，把诗词中所表达的内容演绎出来。这样可以让女孩更加深入地了解古诗词的含义，也为女孩的学习增添了很多乐趣，会让女孩对学习古诗词更加感兴趣。

另外，女孩可以去学习一些课本上没有的古诗词，备几本古诗词书，经常翻看，从中找到自己感兴趣的内容，再去深入研究、了解。

其实，古诗词并没有我们想象中的那么枯燥乏味，其中充满了乐趣，只是我们不善于去发掘它们。

知诗书之美，徜徉于那美妙的字里行间，那么你会发现，自己的心境渐渐变得平和，气质也在不断提升。

绣口一吐，气质见分晓

从小到大，父母和老师总是教导我们要懂文明、守礼仪，锻炼自身气质。气质可不是一朝一夕就可以形成的，它是我们在共同生活和相互交往中逐渐形成的，其中，言谈就是一个重要的方面，言谈得体、大方的女孩会让人觉得气质非凡。

☆☆☆

霍紫是一个小学五年级的女孩，在学校里，她的人缘非常不好，因为她总是喜欢说脏话。

一次，霍紫的同学锦锦在打水的时候不小心把水洒到了霍紫的身上。锦锦急忙道歉，可是霍紫却不依不饶地一直责怪锦锦。

其他的同学见状，纷纷跑去劝解霍紫，可霍紫不仅不接受同学们的好意，反而对着同学们大喊大叫。

班长峰峰觉得霍紫太无理取闹了，就站出来劝说霍紫："霍紫，大家都是同学，不要因为这点小事斤斤计较了。"

霍紫依旧不愿意化解干戈，还出口成"脏"。同学们听了都非常惊讶，觉得霍紫实在是不可理喻，便劝锦锦离开了。

霍紫见状，大吼道："明明是他做错了，为什么你们都帮着他，你们应该帮我才对啊！"

同学们都不想再和她理论下去了，大家都觉得她非常没有教养。

班长找来了班主任来解决这件事情，班主任了解了具体情况以后，语重心长地对霍紫说："霍紫，这件事情的确是锦锦有错在先，可是他已经真诚地向你道歉了。当然，你也有权选择不原谅他，可你不该对大家说脏话，这是非常不礼貌的行为。"

霍紫听到老师这样说，处于叛逆期的她不仅没有承认错误，反而更加不以为然。从此以后，大家看见她都躲得远远的，不愿意理她。

☆ ☆ ☆

故事中的女孩霍紫有一个非常不好的习惯，就是喜欢说脏话，这让同学们都觉得霍紫没有礼貌，没有教养。更加令人讨厌的是，在老师的教导后，霍紫不仅没有听从老师的建议，反而更加放肆，导致大家都不愿意和霍紫相处。

人总会有心情不好的时候，尤其是处在青春期的女孩。当女孩没有一个好的途径去抒发自己心中的苦闷时，有些女孩会选择一种极端的方法，即用言语攻击、侮辱他人的方式来缓解自己心中的不满。这样做，不仅不会让自己心中的不满得以舒缓，还会让身边的人远离你。

我们的生活中总是会有一些小插曲破坏我们的心情，这是无法避免的，可是我们可以通过控制自己的情绪来让事情往好的方向发展。如果你总是通过用言语攻击的方式来解决问题，那么久而久之，它就会变成你的一种坏习惯，让你无法再心平气和地对待问题，如果是那样的话，一切将会变得更加糟糕。

☆ ☆ ☆

李妍妍是一个非常文静的女孩，她喜欢读书，尤其是读一些优美的散文和诗集，这使得她全身散发着一种独特的气质。

一次，学校里组织即兴演讲比赛，要求同学们现场看题目，思考几分钟，然后即兴演讲，李妍妍代表班级参赛。

在讲台上，李妍妍出口成章、信心满满，声音也非常柔美，大家听了她的演讲都觉得心悦神明。

最终，李妍妍为班集体赢得了荣誉，大家都十分崇拜她。

不光是在公共场合，私下里，李妍妍的言谈也让人感觉十分美妙。

一次，同学晶晶不小心弄脏了李妍妍的裙子，晶晶马上向李妍妍道歉，李妍妍笑了笑，很爽朗地说："没关系的，回去洗洗就可以了，你不用感到抱歉的。"

晶晶十分过意不去，对李妍妍说："妍妍，我拿回家帮你洗裙子吧！"

李妍妍说："不用啦，大家都是同学，你不用这样客气的。"

晶晶听了十分感激李妍妍。

李妍妍的言谈总是让同学们感到非常舒服，于是大家都很喜欢和她交谈，她因此交到了很多朋友。

☆ ☆ ☆

故事中的李妍妍是一个十分懂礼貌的女孩，这充分体现在她的言谈举止上。她不光在公共场合落落大方，私底下对同学也是以礼相待，从不说什么粗鲁的话，所以赢得了大家对她的喜欢。

养成好的习惯会让我们受益颇多，就像故事中的女孩李妍妍，她在日常的积累中气质不断地提高，言谈也变得越来越优雅、得体，向同学们展现出一个最好的自己。

言谈可以很直观地反映出一个人的气质，当你和别人初次见面时，别人会通过你的言谈来判断你是否是一个值得交往的人，你身边的人也会根据你的言谈来选择是否该与你真诚地交往。好的言谈反映出好的气质，如果要修炼气质，那么使言谈变得优雅是至关重要的一个方面。

如果女孩觉得自己在言谈上有很多需要改进的地方，可以按照下面的方法试一试。

首先，女孩可以多读一些美妙的文章。当你的头脑中充斥着知识时，那么你的心态会变好，素养也会随之提高。这时候，你的言谈也会充满自信，让和你交谈的同学们看到一个朝气蓬勃的你。

其次，女孩身边总会有一些同性，她们自信、大方、优雅，在面对她们时，自己不应该自卑，正确的做法是向她们学习，留意她们举手投足间的细节，观察她们言谈的妙处，多和她们交流，让自己也变得越来越自信、大方、优雅。

另外，女孩应该清楚地明白，言谈粗鲁是一个非常不好的习惯。女孩正处于懵懂的年纪，容易被一些不好的人或事影响，有些女孩喜欢用粗鲁的言谈举止吸引别人的注意力，她们觉得这会让自己变得特立独行、惹人崇拜。这是一个非常错误的想法，但是也是一个不可避免的心理，当你有这种想法的时候，如果你自己无法调整心态，那么你可以去请教老师、父母，也可以和亲密的朋友聊一聊，以便及时改正错误。

做个低调的才女

每个人对待人生都有不同的态度，有人低调沉稳，有人桀骜不驯。对于处于青少年时期的女孩，选择正确的人生态度非常重要。低调便是一种很好的人生态度，它是一种智慧、一种修养、一种风度，它可以帮助女孩悄然前行，不骄不躁，与人为善。

☆☆☆

金雁的父母非常注重培养她的才艺，在金雁很小的时候便给她报了钢琴班和舞蹈班。

起初，金雁被各种各样的课程折磨得苦不堪言。可是上了小学后，金雁因为会弹钢琴和跳舞，经常被老师推荐参加学校里组织的文艺演出和比赛，金雁也为班集体赢得了很多荣誉，大家都很崇拜她，她也从中得到了满足感。

随着金雁为班集体赢得荣誉的次数增多，同学们越来越崇拜她，老师们也都很喜欢她。渐渐地，金雁变得越来越狂妄自大。

金雁的同桌璐璐是一个性格比较内向的女孩，金雁平时总是对她呼来呵去的。

一次，璐璐买了一支非常漂亮的钢笔，金雁看了非常喜欢，二话不说就把璐璐的钢笔抢了过来。

璐璐很委屈，对她说："这支钢笔我还没用过几次，你想要的话我可以带你去买一支，把这支还给我吧！"

金雁理直气壮地说："我为了班集体付出了这么多，你什么都不会，给我一支钢笔怎么了？"

同学们听见金雁的话，纷纷指责她，可是金雁仍然不以为意，大家都觉得她不可理喻，便不再与她交往。

☆ ☆ ☆

不可否认，故事中的金雁是一个十分有才华的女孩，但是，老师和同学们的夸奖，还有她获得的各种各样的奖项，使她变得越来越骄傲自大。她仗着自己为班集体做过贡献，开始对同学们大呼小叫，欺负内向的同学，最终没有人愿意和她接触。

很多人都认为，才能出众的人理所应当恃才傲物，因为他们是与众不同的。实则不然，恃才傲物只会削减你所拥有的才能，让你变得骄傲自满，并且会让身边的人厌恶你，逐渐远离你。

因此，越是有才能的人越应该学会低调，待人接物更要谦和有礼，这样，别人才会从心底里崇拜你，你也可以交到更多的朋友；人际关系处理得更和谐，也会令你的生活更加有趣，让自己更上一层楼。

☆ ☆ ☆

周若的爷爷十分喜爱书法，所以在周若很小的时候，爷爷就开始教她书法。随着周若和书法的接触越来越多，周若自己也爱上了书法。

在学校里，周若是一个名副其实的小才女，班级里的板报都由她来书写。

一次，学校里组织板报评比大赛，要求各个班级积极参加，班主任把这个重任交到了周若的手上。

周若接到老师布置的任务后，就开始认真地设计板报内容。她首先征求了大家的意见，然后结合大家的意见查阅资料，再请教爷爷和老师，最后，她设计出了一个非常精美的板报，被学校评选为第一名，为班集体赢得了荣誉。

老师和同学们纷纷夸奖周若，老师对她说："若若真是一个小才女，太厉害了！"同学们也非常崇拜她，都来向她请教书法。

周若听了大家的夸赞，觉得非常不好意思，对大家说："大家过奖了，我只不过是爱好书法而已，没有大家说得那么厉害。如果大家想学习书法，我们可以一起练习。"

大家纷纷说："若若，你来当我们的书法老师吧！"

周若听了，连忙摆手，说："我可不够资格当大家的老师，不过，我可以带大家去请教我的爷爷，他很厉害的。"

大家都为周若的谦虚而更加喜欢她，周若从此也多了很多一起学习书法的好朋友。

☆ ☆ ☆

故事中的女孩周若因为书法技艺高超，为班集体设计出了精美的板报，赢得了荣誉，被同学们称为"小才女"。周若并没有因为大家的夸赞而得意扬扬、骄傲自满。她十分谦虚，对待大家非常和善，赢得了大家的喜爱。

当女孩觉得自己身上有过人之处时，她的第一反应就是沾沾自喜。其实，有这种表现是非常正常的。但是，女孩应该明白的是，一味地沾沾自喜只会让自己骄傲自满、自视甚高，对于自己自身素质的提升起不到半点作用。

年龄尚浅的女孩们，心性还未完全成熟，自然会喜欢众星捧月般的感觉，但你们应该谨记，低调才是你们应该学习的正确的人生态度。如果你们感到迷茫，可以按照下面的四点方法去做。

第一，你们要学会正视自己。当你们的才能被别人发掘时，在感到欣喜之余，你们也要认真地审视自己，不要单单被欣喜冲昏了头脑。

第二，你们要善于发现别人的长处，善于向他人学习。正所谓："尺有所短，寸有所长。"没有人是十全十美的，同样也没有人是一无是处的。用心去观察他人的美好，不断地提升自己，让自己的才能有所提高。

第三，你们要注意端正对他人的态度，学会尊重别人。如果你是一个具备才能且愿意尊重别人的人，那么别人也会给予你同样的尊重与崇拜，这样你就会得到一个和谐的环境。一个和谐的环境不光可以让你更加快乐，还可以让你更加专心地提升自己。

第四，你们不光应该在自己拥有才华的基础上学会低调，还应该谨记，低调是一种美德。张扬高调地待人处事，只会让你显得欠缺教养，让别人疏离你。

用才华让生活更有情趣

在我们的心里，总是觉得才华和学习成绩是挂钩的，一个人的成绩名列前茅就相当于她是一个才华横溢的人。事实却不是这样的。一个真正拥有才华的人，懂得用才华让生活变得更加有情趣，而不是整日守着书本，做一个名副其实的"书呆子"。

☆ ☆ ☆

石鑫是一个小学五年级的女孩，她的学习成绩总是在班级里名列前茅，可是她每天都过得不快乐。

在石鑫的日常生活中，学习占据了她的大部分时间，可是在她的内心深处却十分厌恶学习，她只是强迫自己不断地学习而已。

在一次期中考试中，石鑫的成绩下降了，石鑫觉得自己非常没用，仿佛自己的生活失去了最后一丝希望，她整天闷闷不乐地趴在桌子上，也不愿意和同学们出去玩。

老师看见她这个样子，十分担心，便找到她谈话，说："鑫鑫，你最近怎么了，为什么总是提不起精神呢？"

石鑫听了老师的话，觉得非常委屈，长期压抑在她心中的委屈终于爆发出来了。她带着哭腔对老师说："老师，我觉得同学们都是多才多艺的，都与众不同，而我是一个普通的人，我的世界里就只有学习，其他的什么都不擅长。"

老师听了石鑫的话，连忙安慰她说："怎么会呢？你还小，怎么能这样轻易地否定自己呢？你可以试着去发展自己的兴趣，丰富自己的日常生活。"

石鑫并没有因为老师的安慰而得到解脱，她仍然纠结于此次考试成绩的下降。她没有学会运用自己的才华去创造生活中的乐趣，反而被学习成绩所限制，以致每天都是愁容满面。

☆ ☆ ☆

故事中的女孩石鑫原本是有潜力成为一个才华横溢的人，可是她不断地钻牛角尖，给自己施加不必要的压力。她无法排遣自己心中的苦闷，这样的她迟早会对生活失去希望，整日活在苦闷之中。

有些人喜欢用学习成绩来衡量才华，于是他们拼命地学习，期望通过好的学习成绩把自己塑造成一个有才华的人。努力学习固然没有什么错，但是你在学习中的状态却是至关重要的。

如果你能够找到一种合适的学习状态，带着兴趣学习，那么学习的过程就会轻松很多。如果你只是为了学习而去学习，那么你只能是死记硬背，无法寻找到学习的真正乐趣。这会让你自己的生活变得索然无味，这样的学习又怎么能够让你变得有才华呢？

☆ ☆ ☆

史月是一个活泼开朗的女孩，她不光学习成绩好，还很擅长跳芭蕾舞和唱歌，因此她十分受同学们的欢迎。

一次，史月的同桌燕燕总是背不下来古诗词，可是语文老师马上就要检查了，燕燕为此十分着急。

史月看见燕燕十分着急的样子，决定帮助她。于是，她把古诗词编成了一首歌，课余时间唱给燕燕听。

燕燕听了非常佩服史月，她开始和史月一起唱这首歌，结果真的把古诗词背下来了。

燕燕兴奋不已，对史月说："月月，你好厉害啊，用这种方法背古诗词真的很有效率啊，好像一边玩一边就把古诗词背下来了。"

史月笑了笑，说："学习本身就是一件非常有乐趣的事情，只是我们不善于发现，只要找到学习的乐趣，我们的学习就会变得非常有趣。"

史月还把一些课文也编成了歌曲，教给班级里的同学，大家都十分感激史月。因为有了她创作的歌曲，原本让大家头痛不已的背诵任务被大家轻松完成了。

大家都非常崇拜史月，纷纷向她请教经验；史月也非常开心自己能够帮到大家，她觉得自己的生活更加富有乐趣了。

☆ ☆ ☆

故事中的史月是一个善于将学习与乐趣结合起来的女孩，她喜欢用一种特别的方法看问题，不让知识成为自己的累赘，而是利用知识让自己的生活更加生动有趣，比起只会用枯燥乏味的方式死记硬背知识，这才是真真正正地富有才华。

爱玩是女孩的天性，所以女孩喜欢追求富有情趣的生活，女孩喜欢让情趣充斥自己的生活。要知道，情趣与才华并不是站在对立面的，女孩可以从情趣入手，让情趣带领自己获得才华。反过来，也可以充分利用才华让生活变得越来越富有情趣。

掌握了才华的同时，女孩也要学着去合理地运用它。以下几个方法可以供大家参考。

第一，女孩可以学着向故事中的史月那样，把学习上遇到的难以掌握的诗词或者英文单词变成易于记忆的、朗朗上口的歌曲或者口诀。这样，难题便可以轻而易举地被攻破，不仅可以让女孩少了很多烦恼，也可以帮助女孩在学习的殿堂里更上一层楼。

第二，女孩可以将所学知识应用于生活中。可以在放学路上留心观察花花草草，静心看着天上云卷云舒，体味语文课上所学的诗情画意；可以和同学们用英语对话，深化英语课上学到的语句情景；可以为朋友、亲人画画像，体味美术课上的艺术气息。

第三，女孩可以召集朋友，一起合作将课本上的知识反映到现实中来。这样不仅可以让女孩更加深刻地理解到知识中的趣味，还能够进一步了解和掌握知识，提升女孩所拥有的才华。

第六章

窈窕淑女人人夸

——温文尔雅才是真淑女

我们一想到淑女，脑海里就会呈现出一个举手投足间皆如诗如画般的女子，她气质温雅、举止端庄、才华横溢，又知性大方。现实中很多女孩梦想成为淑女般的存在，但又做事毛躁，站没站相，坐没坐相，这样怎么能行呢？要想成为淑女，不仅要在认识的人面前保持美好的一面，还要在公共场合保持良好的形象。

毛躁是淑女的"大忌"

俗话说："窈窕淑女，君子好逑。"何为淑女？淑女就是贤淑美好的女子。一个淑女应该有良好的修养，有得体的言行，不管遇到什么事，都能保持冷静，不被不良情绪所左右，更不会毛毛躁躁；做什么事都会给人一种安全感。

☆ ☆ ☆

江美玉是一名初中女生，她长相不错，就算不会给人惊艳的感觉，也算是中等偏上的容貌，很容易让人产生好感。

美中不足的是，她性格比较急躁，从而导致她做事的时候总是毛毛躁躁，一件事经常会经历很多波折才会完成。

"美玉，老师说这期的黑板报由咱俩来负责，你没问题吧？"

一天放学后，她的朋友小丽把办黑板报的事情告诉了她。熟知她性格的小丽对这件事有点担心，害怕她们不能按时完成黑板报。

"你放心，我可是淑女，做事最稳妥了。"江美玉一直自诩为淑女，她觉得办黑板报这种小事肯定手到擒来，不会有问题的。

"那我就相信你啦。"小丽看她这么自信，就把办黑板报的分工告诉了她。两个人一个负责图画，一个负责文字，只要中间不出岔子，肯定没问题。

江美玉收到了自己的任务安排，是找适合的文字抄写。

"这也太简单了。"她自信满满地开始做事，但过程中她又犯了毛躁的毛病，出现了很多失误，导致天都黑了，她们还没有完成黑板报的任务。

这可急坏了小丽，她自己的任务在江美玉的毛躁影响下，也没有完成。看着越来越黑的天色，小丽急得差点哭出来。

江美玉也很自责，但她越急越不细心，没多久就又出现了一个失误。她气得把粉笔一摔，说道："我不做了，我不适合做这么精细的事情，抄这些文字抄得我眼都快花了，这边又写错一个字，那边字倒是没写错，但是字迹压住了你画的图画，简直糟糕透了。"

小丽也气呼呼地说："一开始我就问你有没有问题，你说没问题。你又不是不知道自己的毛病，早知道这样，我就不应该相信你，应该多叫几个人来帮忙的。"

江美玉一听，惭愧地低下了头，但现在已经这个样子了，她只能硬着头皮去补救。

☆☆☆

毛躁的人性格比较急躁，做事也很不细心，就像故事中的江美玉一样，容易出现这样或那样的一些细小的错误。虽然错误较小，但积少成多也是很令人头疼的。经常手忙脚乱爱出错的女孩在他人眼中无论如何都是和淑女沾不上边的。所以，想要成为淑女的女孩一定要远离"毛躁"，不能因为一些小事而毁了自己的形象和气质。

☆☆☆

女孩田思思决定周末的时候和好朋友李萍去公园玩一天，还要在公园进行一次野餐，所以她们需要准备好当天野餐的食物。

李萍问她："咱们当天中午吃什么呢？你都会做什么食物啊？"

"我会做很多美食呢，到时候我来准备，保准儿让你大开眼界，大饱口福。"田思思自信满满地回答道。

"那可真是太好了，那我用准备什么东西吗？"李萍又问。

田思思不高兴地说："你怎么这么婆婆妈妈，离周末还有好几天呢，提前一天准备都不晚，着什么急啊！"

"我觉得现在想好一些细节，看看有什么遗漏的，趁着这几天慢慢准备比较稳妥啊。"李萍回答道。

对于李萍的回答，田思思觉得她想得太多了，不就是去吃一顿野餐吗，能有多麻烦，又不会出什么事情。

她不愿意再针对这件事详谈，李萍也不好再说什么，只等着快到周末的时候再和她一起准备东西。

结果，野餐的前一天，田思思却大包大揽地告诉李萍："你什么也不用准备，明天只管带着嘴巴来吃美食就行了。"

能不出力就吃到美食，还能游玩，李萍自然十分高兴，就美美地睡觉去了。

第二天一大早，她们来到集合地点，李萍却后悔昨天太相信田思思了。

原来，田思思除了带了吃的，其他任何东西都没有带。而且，她带的东西还有很多是需要用到筷子和勺子的，可是她连这两样东西也没有带。

"你做事简直太毛躁了，之前我说要细心一点，准备好细节工作，你说没必要，现在搞成这样，我们难道用手抓饭吃吗？"李萍气呼呼地问道。

田思思也很尴尬，最后只能去旁边的小饭馆里借了两双筷子。

☆ ☆ ☆

生活中，很多女孩都会出现性格毛躁的时候，做事不够仔细，经常会出现一些细小的疏忽或是错误，结果因为这些小问题而酿成大错。女孩都希望自己能够成长为一名淑女，受人欢迎和尊重。但是，一个毛躁的女孩是绝对不会成为淑女的。

那么，如何才能改变女孩毛躁的性格呢？

首先，女孩在做事的时候应该尽量细致地进行。女孩要学会从细节考虑问题，做事细致一些，在做事之前多思考，提高自己的动手能力和耐心，这些都有助于帮助女孩成为一个细心的人。一旦拥有了足够的耐心，女孩的心思自然就会细腻起来，想事情也会多想一两步，离毛躁自然就会越来越远。

其次，女孩在遇到事情时不要急躁。遇到问题或是困难时，女孩不要着急，要尽量冷静地去思考。遇事越着急往往越找不到解决问题的办法。只有让自己冷静下来，才能开动脑筋，才能理智地对待面前的问题，想到合适的解决方法。

另外，当女孩因为毛躁而出现失误或是错误时，不要只懂得懊恼，而要在懊恼之余进行自我反省和惩罚。这样才能让女孩印象深刻，再处理相似的事情时，就会考虑到之前出现的失误，提高警惕性，从而降低出错率。

淑女就要站有站相、坐有坐相

女孩的一生，很多时间都是在坐立行走中度过的。每当女孩听到有人教导她们要坐有坐相、站有站相时，女孩大多觉得很可笑。女孩可能觉得是个人就会站、会坐，这根本不用学，也不用规范。

而事实并非如此。女孩如果想做淑女，就要有站姿、有坐姿，这里面的学问可是巨大的。

☆ ☆ ☆

一位新上任的官员前去拜访一位身为当朝大臣的同乡。不巧的是，拜访当天，天空下起大雨，等他到同乡家里的时候已经浑身湿透了。更不巧的是，这位同乡没在家，小官员扑了个空，不过他坚持要等下去，就在椅子上坐了下来。

一个时辰、两个时辰、三个时辰过去了，同乡还是没有回来。而此时天色已晚，这位官员只好起身告辞，打算改日再来拜访。

没想到，他刚离开不一会儿，那位同乡就回来了。他询问仆人，家中是否有什么事，仆人把同乡前来拜访的事说了一遍。

这位大臣看了看椅子下面那两个清晰的鞋印，顿时大吃一惊。问仆人道："他下午就坐在这里？"仆人回答道："是呀！就坐在这儿。"听到这儿，这位大臣惊喜地吩咐仆人："快！快！快去把他追回来！我们家乡要出大人物了！"

的确如这位大臣所言，几年后，那位拜访过他的小官员真的成了朝廷重臣，他就是曾国藩。

难道这位大臣会算命吗？当然不是。他之所以做出如此判断，就是因为他见到同乡在椅子上坐了3个时辰后在地上留下的两个清晰而干爽的鞋印。他断定，这必定是一位心性坚定、不急不躁的人才能做到的，正所谓"坐如钉石"。曾国藩用一副"坐相"使身为大臣的同乡看到了其坚毅的心性和沉稳的心态，而这也正是他自身素质的折射。

☆ ☆ ☆

看了上面的故事，女孩应该明白坐姿的重要性了吧。女孩在学习期间，更多的是坐在教室里认真上课、学习，每天占用时间较多的坐姿如果都不能保持好，那么其他事情又怎么能做好呢？

怎样才算是坐有坐相呢？

首先，女孩在坐着的时候，头部要正，与地面垂直，同时让腰背部挺直，身体微向前倾，两脚自然地平放在地上。女孩要坐得优雅美丽、大方得体，不能东倒西歪、不成体统。

其次，女孩在公共场合更要注意自己的坐姿，要端庄稳重，不能猛地坐下或起身，这会给人一种不稳重的感觉，影响女孩的外在形象和气质。

另外，女孩在坐着的时候，不能和他人勾肩搭背，做一些不雅的动作。比如，双手乱放、抖腿等。这些行为都是不礼貌的，女孩一定要避免。

除了坐姿，女孩在站立的时候，也要注意，要站有站相。标准的站姿，要求全身笔直，精神饱满，两眼正视，两肩平齐。好的站姿，不是只为了美观而已，对于健康也是非常重要的。

在交往中，站立姿势是一个人全部仪态的核心。如果站姿不够标准，其他姿势便根本谈不上什么优美。

☆ ☆ ☆

蔡菲菲是一个小美女，本来应该很受人欢迎的，但她的一个坏习惯导致同龄的小伙伴都不愿意和她一起玩。

原来，蔡菲菲是一个没有站相的孩子。在跟别人说话的时候，她不仅身子摇摇晃晃，而且肩膀扭来扭去，一副目中无人的模样。这让小伙伴们感觉十分不舒服，不愿意多和她说话。

因为这个问题，学校的老师和父母没少做她的工作，摆事实讲道理都没用，蔡菲菲依旧我行我素，她觉得这样才有范儿，才有个性。

"可是你这样完全没有站相，一点儿淑女气质也没有啊。"她的同桌也受不了她。站不"稳"就算了，她还坐不"稳"，坐姿一样有很多问题。

"我坐我的，你别看我不就行了。"她毫不在意地回答道。

同桌被她气得不行，但又拿她没有办法，不知道该怎么办。

"再者说了，我淑不淑女又不靠站姿、坐姿，我靠的是脸。只要我有颜值，坐得再歪扭，也是个淑女。"她扬扬得意道。

"才怪！"同桌小声嘀咕道。

☆☆☆

俗话说"站如松"。当女孩在站立的时候，要像松树一样挺拔耸立，不要歪歪扭扭、蹦蹦跳跳的。很多时候，通过女孩站立时的姿态，我们就能够窥见这个人的修养及文明程度。如果一个女孩站立的时候浑身不端正，双脚叉开过大或者随意乱动，那么她不仅会给人留下一种轻浮的感觉，还会让人轻视，被人看不起。女孩应该怎样保持优美端正的站姿呢？

如果女孩不知道该从哪里做起，那就先从站墙角开始吧。比如，女孩每天背靠墙壁站两次，一次坚持三五分钟就能达到塑造站姿的目的。在站墙角的时候，女孩的后脑勺、肩、小腿、脚后跟这4个部位一定要贴紧墙壁，这样才能事半功倍。女孩在站立的时候，要保持双目有神，不能懒懒散散的样子，要做到两腿自然站直，不随意摆动，不用脚尖点地，这样才能站出姿态，站出气质。

公共场合，保持淑女形象

很多女孩自称是淑女，但在一些公共场合，往往会做出一些与淑女身份不相符的行为。比如，随地吐痰、乱扔瓜皮果屑等。这些不礼貌的行为完全不是淑女所为，只会让人觉得女孩没有修养，是个不懂事、没礼貌、没品德的人。

☆ ☆ ☆

刘明眉和王向向要到游泳池去游泳，两个人换好泳衣后直接来到了泳池边，刘明眉突然打了个喷嚏。

"今天有点冷啊。"她一边说，一边拿纸巾擦了擦鼻子。

王向向正要说话，却见她把纸巾随手扔到了泳池边。

"你怎么乱扔垃圾啊，垃圾桶就在旁边呢。"她小声对刘明眉说。

刘明眉却不以为意道："反正这里是泳池，一会儿掉到水里，纸就化开了，谁也看不到了。"

"这怎么能行。"王向向连忙把她扔的纸巾捡起来，扔进了垃圾桶。"这可是公共泳池，垃圾掉进去，万一沾到别人身上怎么办？"

"你怎么这么多事儿啊！除了你，这里谁看到是我扔的了？一会儿在水里就化没了，这么一大片泳池，怎么会沾到别人身上？"刘明眉不耐烦地回答道。

王向向有点无语，她只是在公共场合比较注意形象和品德，怎么就成了多事儿了？

她想了想，对刘明眉说道："那你想想，如果你在泳池里正玩得开心，突然飘来一个纸巾贴到你身上，上面还有黑乎乎的脏东西，你会开心吗？"

刘明眉说："当然不开心啊。"

"那你乱扔纸巾的行为不正是导致你不开心的因素吗？"王向向耐心地解释道。

却见刘明眉摇着头说："我虽然不开心，但我是淑女，我会洗干净，然后再走的。"

这下子，王向向彻底说不出话来了，就这样的行为、这样的思维，还敢说自己是淑女？真是错看她了，怎么会把这样的人当朋友呢？

王向向转身离开了泳池，不想再玩下去了。

☆ ☆ ☆

真正的淑女会时刻注意自己的言行举止，不会像故事中的刘明眉一样，在公共场合做出有损形象、没有品德的事情的。

女孩想要成为真正的淑女，不仅要在学校和家里保持良好的形象，还要在公共场合保持一个良好的淑女形象。很多女孩在认识的人面前表现得彬彬有礼，但一到了公共场合就开始"放飞自我"了。很多女孩认为，反正公共场合里都是陌生人，谁也不认识谁，没必要那么小心翼翼地生活。其实，这种想法是错误的，越是在公共场合，女孩越要保持淑女形象，越要表现出优雅大方的气质来。这样才能让女孩真正从内到外地变成淑女。

女孩在外的淑女形象应该从遵守社会礼仪规范、维护公共秩序做起。女孩在公共场合时要行为自然、得体，不要做作，多注意自己的言行举止和站姿、坐姿。我们应该在公共场合见到过一些缺乏公德意识的人，当时肯定觉得这些人没教养，缺少公德心，如果是女孩，还会觉得这样的女孩太不淑女了。所以，女孩千万不能成为这样的人，在公共场合要时刻约束自己的行为，注意自己的形象。

另外，女孩在公共场合要注意自己的仪表、仪态，着装要干净得体。得体的穿着不仅能提升女孩的形象，也是对他人的一种尊重。但是，这并不意味着女孩要穿得光鲜亮丽才能出门，只要把自己打扮得干净利落，因场合而合理地着装才能真正达到保持淑女形象的目的。

为了保持女孩的淑女形象，女孩在公共场合还要养成良好的语言习惯，要注意文明用语，有意识地培养良好的言谈举止习惯。比如，见面问声"好"，常把"谢谢""请"等礼貌用语挂在嘴边。这样做，能有效地提升女孩的个人气质，还能让人身心愉悦，愿意同女孩交往。

淑女的家也要有"淑女样"

很多时候，女孩认为只要自己搞好个人形象，就能成为一名合格的淑女，其实并非如此。淑女不仅要搞好个人的卫生和形象，还要把自己生活的大环境也整理得"淑女"起来。

☆ ☆ ☆

周末的时候，赵婉儿本来想睡个懒觉，但是被妈妈叫醒了。

"妈妈，再让我睡一会儿吧，我好困。"赵婉儿哀求道。

"别睡了，起来打扫卫生。"妈妈说着，把窗帘拉开，刺眼的阳光照进房间，赵婉儿想睡都睡不着了。

"我可是淑女，不能做打扫卫生这样的事情。"她抗议道。

"你是淑女？"妈妈不气反笑道，"你看看有住在垃圾堆里的淑女吗？"

赵婉儿双目望去，她的房间真的十分脏乱。新旧衣服扔了一地，作业书本瘫了一桌，简直快要没有下脚的地方了。

"淑女可不会住在这样的地方。"她小声嘀咕道。

"对啊。"妈妈听到她的话后，笑道，"所以，我们的小淑女快起床，和妈妈一起打扫卫生吧。"

"好好好，我这就来帮您。"赵婉儿知道妈妈很辛苦，迅速从床上爬起来，叠好被子，帮妈妈打扫房间。

"我该做什么？您吩咐吧！"她拍着胸脯说道。

妈妈高兴地说："先把扔在桌子上、沙发上的东西都放回原来的地方，然后再把桌子、柜子、椅子都擦干净。"

"好的，您放心吧，绝对让您满意。"赵婉儿平时不怎么做家务，但她并不是真懒，她也不想生活在这样的脏乱房间里。

很快，她们就把房间打扫干净了，赵婉儿还帮忙把厨房和客厅打扫了一遍，妈妈欣慰地说道："婉儿就是能干，淑女就该住在这样的家里面。"

"来，妈妈今天给你梳一个漂亮的淑女发型，让你美美地出去玩儿。"说着，妈妈找来了梳妆用具，帮赵婉儿梳起了头发。

☆ ☆ ☆

故事中的赵婉儿自认为是一名淑女，但房间里乱七八糟的，这样的环境不能说是淑女生活的地方，只能说是垃圾堆、乞丐窝。

所以，真正的淑女不仅要在外时有良好的形象，还要在家时把家整理干净，有个"淑女"的样子。

想象一下，当你放学回家时，本来想好好地吃一顿美味的晚餐，可是一开家门，看到的却是满屋子的狼藉，心情一定会大受影响。你还会觉得这样的家里住着的成员是淑女吗？答案应该是否定的吧。什么人住什么样的地方，一个真正的淑女的家，也应该是干净整洁，充满典雅气氛的。

☆ ☆ ☆

放学后，杨晓蝶兴奋地跑回家，一进门就大声地说："妈妈，我有几粒花种，咱们家有没有花盆？"

"有啊，你要种花吗？"妈妈觉得很诧异，杨晓蝶从来都不爱护花草，以前家里本来有一棵漂亮的海棠，可是杨晓蝶今天摘花、明天折枝的，没几个星期的工夫就把海棠折磨死了。

"对啊，我要做一个淑女，淑女家里都应该有花有草，十分雅致。所以，我买了一些花的种子，先从养花开始，以后我还要养更多的花，做一名合格的淑女。"杨晓蝶边说边把手里的种子拿给妈妈看，一副兴高采烈的样子。

"好吧，花盆就在阳台上，你去种吧。"妈妈不知道女儿这是受了什么刺激，竟然要做一名淑女。就她那副没耐心的样子，不把花养死就不错了，还想以后种更多的花？！

妈妈并不看好她，虽然嘴上很支持，可是心里暗暗地为这几粒种子叫屈。

杨晓蝶跑到阳台上，把花盆里的土翻开一些，播下花种，再盖上一层薄薄的土，然后舀来一瓢水，一边浇一边说："花店的老板说了，要一次浇透水，让种子喝个够。"

接下来的几天里，杨晓蝶一直在关注花盆里的动态。早上看，晚上也看，恨不能让花盆里马上窜起高高的绿叶、长出艳丽的花朵。

不久之后，终于有一棵小嫩芽破土而出，杨晓蝶高兴极了。为了让自己的花能够茁壮成长，杨晓蝶经常往花店跑，向老板请教一些种植花草的方法。

而且，在其他方面，杨晓蝶也改变了许多。以前，她总是攒一周的脏衣服放到周末一起洗，现在，只要一有时间，她就会主动清洗自己的脏衣服，还喜欢收拾家务，打扫卫生了。

这些变化让妈妈十分吃惊，越看女儿越觉得她还真有点淑女的样子了。

☆ ☆ ☆

有时候，女孩并不知道该把家收拾成什么样子才算是适合淑女居住的房间。这种时候，不妨像故事里的杨晓蝶一样，往家里添置一些花花草草，用花草来寄托情怀，衬托雅致。

要知道，种花养草除了能够让女孩养成爱护花草树木的好习惯之外，还可以修身养性，提升女孩的气质。种花也是一门学问，种花需要耐心和智慧，需要女孩用心去思、用脑去想，并不是把种子埋进土里就万事OK了。在享受种花的过程中，女孩就是在进行淑女的进阶"训练"，是在对淑女气质的精心培养。

大方知性才是真淑女

知性这个词，来源于德语，是德国古典哲学中常用的术语，有时候也被翻译成"理智"或"悟性"。现在这个词很多时候用来形容优雅大方、有学识的女性。知性女人的身上有一种知性美，充满了无限的魅力，让人赏心悦目，是很多女孩所向往的未来榜样。

☆ ☆ ☆

林依依是一名初中女生。最近，她喜欢上了一个新词——知性美。

她也想做一个拥有知性美的女孩，于是，她在网络上搜罗了很多拥有知性美的人物照片，决定以后就按照她们的穿衣风格来打扮自己。

但是，初中生要求穿校服，面对她的"奇装异服"老师提了好几次意见，但她还是不听。既然不让穿在外面，她就把漂亮的衣服穿在校服里面，一放学就赶紧把校服脱掉。

她自以为自己已经成了真正的淑女，拥有了知性美，但在同学眼里，她是个不折不扣的"花瓶女"。

原来，林依依空有漂亮的外表，学习成绩却差得一塌糊涂，几乎次次都是班里的倒数第一。

就这样一个只知道爱美而脑子里"空无一物"的人，美则美矣，却没人真正欣赏她的美。

有一次，学校要举办运动会，老师意外地选了林依依做运动会开幕式的女主持人。

林依依十分高兴，对同学们说："看，还是老师的眼睛明亮，知道我是个知性美人，把这么重大的任务交给我。"

同学们都不理解老师的行为，纷纷质疑："林依依那脑子，能记住台词吗？难道要手拿小抄照着念？"

想想那样的场面就觉得可笑，同学们都忍不住偷偷地笑了起来。

林依依面对同学们的嘲笑很不服气，她想：背不下来台词怎么了？只要我打扮得漂亮得体，一样能胜任这个任务。

结果，林依依还真的完成了女主持人的任务，如果忽略掉她全程没说一句话的事实的话。

"哈哈哈……"运动会结束后，同学们在班级里哄堂大笑："第一次见到没有一句台词的女主持人，太可笑了，果然就是个'花瓶'啊。"

林依依既生气又委屈，闷闷不乐地坐在自己的座位上一言不发。

☆ ☆ ☆

穿衣打扮能提升女孩的外在形象，虽然同样也能让女孩看起来落落大方，赏心悦目，但和知性女人相比，后者才是真正的淑女，前者只不过是一个形似而神不似的存在。

知性女孩要有智慧。要想成为一名真正的淑女，拥有知性美，女孩就要不断地学习，不断地提升自己的学识，让自己表现得更加有修养。要知道，穿衣打扮是无法穿出知性美的内涵的。

☆ ☆ ☆

丹丹是学校里公认的大美女，厉害的是，她不仅长得漂亮，学习还好，只要有时间，她手里就会拿着书认真地学习。

同学们都说她："明明可以靠脸吃饭，却偏要拼才华。"

对于这样的调侃，丹丹只是一笑而过，并不理睬。

"丹丹，你的成绩已经很好了，为什么还要不停地学习啊？"丹丹的同桌李婷想不明白她为什么这么用功。

丹丹想了想，回答道："我只是喜欢看书，你看，我平时看的书也不全是关于学习的，还有一些奇闻异事、古今传奇之类的书籍。我喜欢阅读它们，这能让我增长学识，扩大我的知识面，陶冶我的情怀。这么多好处，我为什么不这么做呢？"

李婷听了她的话，彻底被她折服，发自内心地说道："你这样的才算是真正的淑女，知性大美人啊！"

面对这样的夸奖，丹丹也仅是笑了笑，便又认真地看起了手中的书。

☆ ☆ ☆

女孩应该怎么做，才能拥有知性美，才能成为真正的淑女呢？

首先，女孩要多读书、读好书。读书可以增长女孩的学识，让女孩不断地积累人生经验和智慧。平时看的书多了，女孩的形象就会在自然而然中发生好的转变，说话和做事会让人有刮目相看的感觉，让女孩能从内到外地散发出独特的魅力。

其次，知性女孩要学会包容。知性女孩应该是成熟的、稳重的，她们有感性的一面，也有理性的一面，是介于两者之中的柔和的存在。女孩应该在拥有智慧的同时，还要多一份包容。这样，才能为自己的形象加分，成为真正的淑女。

第七章

艺术让气质与众不同
——做一个品位高雅的女孩

艺术能熏陶一个人的气质，能提升女孩的品位，能让女孩拥有与众不同的魅力，能让女孩在举手投足间都泛着迷人的光彩。所以，女孩如果想要快速地培养自己的气质，可以适当地进行一些艺术方面的训练，让艺术提升女孩的品位，让艺术把女孩变得更有魅力。

音乐是提升品位的良方

有人曾说："你想拥有什么样的气质，就应该听什么类型的音乐。"古典音乐代表高贵、严肃；爵士乐代表忧郁、神秘、感性；摇滚乐代表释放、野性；嘻哈乐代表轻松、自由。

☆ ☆ ☆

周怡是一个小学五年级的女孩，她最近迷上了摇滚乐和嘻哈乐，每天都要在房间里听好长时间。

周怡的妈妈为此十分苦恼，她觉得女儿听什么类型的音乐倒是无可厚非的，可是不能为了听音乐耽误学习。

于是，她找到女儿，对她说："小怡，妈妈知道你学习压力重，听一些音乐放松心情没有问题，可是你不能总是听音乐，耽误了学习啊！"

周怡听了妈妈的话，又羞又恼，对妈妈说："我听些音乐怎么了，音乐能让我忘却学习上的烦恼，还能提升我的品位，你为什么要反对呢？"

妈妈听了，语重心长地说："小怡，不是妈妈对摇滚乐有偏见，只是你要根据自己的年龄阶段选择适合你的音乐类型，摇滚乐绝对不适合你这个年纪的女孩子听的。"

周怡听到妈妈这样说，叛逆心理更加严重，对于摇滚乐更加迷恋，还因此结识了很多狐朋狗友，经常一起玩耍，学习成绩更是一落千丈。

☆ ☆ ☆

故事中的女孩周怡总是认为自己听摇滚乐没有什么问题，她不理解妈妈的一片苦心，任由自己放纵下去。最终，不仅没有因为喜欢摇滚乐而提升品位，反而导致学习成绩一落千丈，让父母和老师失望透顶，实在是得不偿失。

大多数处于周怡这个年龄阶段的女孩总是会因为各种各样的压力感到彷徨、紧张、焦虑、不安，她们在选择音乐时的第一选择就是摇滚乐。因为她们觉得摇滚乐能够让她们释放压力，而且摇滚乐代表狂野，能够让她们变得更加果敢、活泼。

音乐能够提升品位，这没有什么错，但是这不是必然的，你要根据自己的真实情况去选择你所要接触的音乐类型。同时，也要把握好度，不要太过痴迷。要知道自己是从音乐中汲取能量，是为了提升自己的品位，而不是把音乐当作唯一的精神寄托，疯狂地沉迷于此。

☆ ☆ ☆

李静雯是一个小学五年级的女孩，她的爷爷是一位退休的音乐教师，李静雯受爷爷的影响，十分喜欢听音乐。

平时，爷爷总是喜欢带着她听一些老歌，歌中的内容大多是赞美祖国。

久而久之，李静雯越来越喜欢听老歌。她觉得老歌歌词充满正能量，歌唱家们在演唱过程中也饱含深情，曲调慷慨激昂，能够勾起人们心中的一腔热血。

一次，班级里组织文艺演出，李静雯作为班级里的文艺委员积极调动大家的参与热情。

她号召同学们把文艺演出的主题定为"爱国"，同学们纷纷响应。

于是，李静雯和同学们一起开始紧锣密鼓地筹备演出的相关事宜。遇到不太懂的事情，李静雯就会去请教爷爷。

李静雯的爷爷对她们的活动也十分感兴趣，每次都非常耐心地为他们讲解难题。

后来，李静雯班级的演出节目得到了大家的一致称赞，因为她的节目，爱国思想被大家铭记于心，李静雯把这个好消息告诉了爷爷，爷爷也十分开心。

☆ ☆ ☆

故事中的李静雯是一个非常可爱的女孩，她受爷爷的熏陶，爱好红色歌曲，爱国思想深深地刻在她的心里。她还努力将这种好的思想传播给同学们，让大家更加了解、热爱我们伟大的国家。

每一首歌都有其特别之处，它们饱含着创作者的灵魂。我们在聆听音乐的过程中，不光要听它的旋律，还要体味其中的韵味，剖析歌曲中的深意，弃其糟粕，将精华融入自己的灵魂之中，使自身的品位得到提升。

如果你对此感到迷茫，那么可以试着按照以下的方法去做。

首先，我们可以先听一些老歌。我们总是觉得自己已经长大，具有明辨是非的判断能力，可是我们往往会经受不住外界环境的干扰，给自己带来选择上的错误。这时候，我们可以选择一些老歌来听。老歌与现代的流行歌曲相比较，元素较为单一，但是它有一个好处，就是充满正能量，不会对我们的心理造成不好的影响，可以放心地选择。

其次，随着我们听到的歌曲越来越多，我们对歌曲已经有了一定的判别能力。这时，我们可以试着选一些充满现代风格和元素的歌曲。如果遇到不理解的地方，我们可以请教一下周围的同学，和他们沟通歌曲中的含义，大家一同得到提升。

最后，我们可以去试着接触各种各样的音乐。不同的文化会孕育出不同的音乐风格，每种风格的音乐都有值得欣赏的地方。我们要让自己的接触面广起来，更多地了解各种风土人情下的乐曲，这对于提升自己的品位是十分有益的。

无论你多么的忙碌，都要抽出时间来听一听音乐。好的音乐不仅可以让你放松身心，还可以让你提升品位，变得越来越有内涵。久而久之，相信你一定会爱上音乐，爱上生活。

才艺让气质更迷人

我们在形容一个很有魅力的女性时习惯用"迷人"这个词，这里所说的"迷人"，不仅仅是指出众的外表，还常指女性拥有优秀的人格魅力和气质。女孩的人格魅力和气质并非天生具有，要靠后天的培养才能拥有，而艺术熏陶是气质培养的有效途径。但是，很多女孩对才艺学习有一些误解，认为才艺培养只是那些学习不好的人不得已才会选择的"出路"，学习成绩优异的女孩应该以学业为重，并不应该接触那些"副科"。然而，事实真的如此吗？

☆ ☆ ☆

周娇是一个小学五年级的女孩，她的学习成绩在班级里总是名列前茅，因此，她觉得自己比其他同学更优秀，经常对他们流露出不屑的神情，使得大家都十分厌恶她。

一次，学校里组织合唱比赛，文艺委员积极调动大家参与活动，同学们纷纷响应。

有的同学负责弹钢琴伴奏，有的同学负责领唱，有的同学负责指挥，还有的同学负责伴舞。就算不擅长在台前表演的同学，也都有拿手的才艺可以把幕后工作做好。

大家对此次合唱比赛都兴致勃勃的，只有周娇一个人显得十分不在意。她始终觉得只有学习成绩好才能成为优秀的女性。

比赛开始后，大家各显其长，努力使节目大放光彩。比赛结束以后，班集体果然取得了很好的成绩。

老师对在此次活动中付出努力的同学都表示了称赞之情，这时候，周娇就显得十分落寞。

周娇的同桌燕燕虽然学习成绩比不上周娇，可是在此次比赛中，她为大家演奏钢琴，曲子弹奏得十分优美，大家都十分崇拜她。

这时候，周娇才意识到，光是学习成绩优异是不够的，还要多学几门才艺才行。否则，会让你在气质上被别人超越。

☆ ☆ ☆

故事中的女孩周娇十分喜爱炫耀自己的学习成绩，看着周围同学们的多才多艺，她起初感到十分不屑。后来，她终于意识到自己身上的不足之处，光有好的学习成绩，没有才艺傍身，只会让自己的气质下降。

女孩气质的培养是复杂且多方面的。优异的成绩只能说明女孩聪明、有学识，并不代表女孩就此拥有了良好的气质和迷人的魅力。气质和魅力要靠女孩后天的努力才能拥有，而才艺学习是提升女孩气质的有效途径。这是因为，学习才艺的时候，女孩学的不仅仅是才艺本身，还要学习个人的形态礼仪，这样才能真正了解艺术的含义，进而提升自己的才艺水平，让女孩拥有迷人的气质。

☆ ☆ ☆

李琳是一个小学五年级的女孩，从她很小的时候，妈妈就经常带着她去学习古筝。

由于从小学习古筝，李琳不光养成了认真专注的学习习惯，还培养了一种平稳谦和的气质。

有一次，李琳在一场活动中为大家演奏古筝，琴声婉转悠扬，令人陶醉不已。下场后，同学们纷纷称赞李琳才华横溢。

李琳并没有被大家的夸赞冲昏了头脑，而是谦虚地说："我并没有大家说得这么优秀，我只是从小学习古筝，学得比较刻苦而已。"

同学们看见李琳如此谦虚有礼，就更加崇拜她了，纷纷向她请教古筝的学习方法。

李琳面对大家的询问，也并未感到厌烦，十分耐心地为大家讲解。

虽然李琳古筝弹得好，但她没有荒废学业，学习成绩也一直名列前茅。渐渐地，李琳的人缘变得越来越好，大家都说她是一个小才女。

真正让大家折服的是她的气质——待人接物平淡谦和、不骄不躁。

☆ ☆ ☆

故事中的女孩李琳是一个名副其实的小才女。她富有才华，可在她的身上见不到一点儿骄傲自满的态度。和古筝的长期接触使她的身上有一种与年龄不相符的平和气质，这也使得同学们更加喜欢和崇拜她。

由此可见，学习才艺对女孩的气质培养帮助很大。那么，女孩应该在才艺培养时具体注意些什么问题，才能让自己的气质更迷人呢？

首先，女孩要端正自己的学习态度，以认真负责的态度来面对才艺的学习。很多女孩对才艺的学习以及学习过程有一定的误解，认为才艺学习肯定是丰富有趣的，一旦发现才艺的学习过程也同样枯燥乏味，甚至比文化学习还辛苦，她们就会打退堂鼓。女孩要知道，没有任何一样学习是轻而易举的，一定要端正自己的学习态度，才能在成长的道路上有所收获，再苦再累，也不要轻言放弃。

其次，女孩在选择才艺项目时，要先从兴趣下手，再选择符合自己气质的才艺进行学习。学习才艺一定要先对才艺感兴趣才行，这样才能沉得下心努力学习，才能真正地从内而外地培养起自己的气质和修养。

广泛涉猎，多懂点艺术总没错

有些女孩可能会想，我对学习艺术没有兴趣，也不需要靠艺术来提升自己的气质，那么我是不是就可以不再接触和艺术相关的事物了？话虽如此，但俗话说"学无止境"，女孩适当地多掌握一些知识总是有好处的。在学习之余了解一些艺术知识可能会在意想不到的地方为女孩的形象加分。

☆ ☆ ☆

李秋园是一个小学五年级的女孩，她的性格有些内向，日常生活中除了学习就没有其他的爱好了。

一次，班级里组织兴趣小组活动，老师号召大家积极参与。

李秋园的同桌球球是一个活泼开朗的女孩，她得知要开展兴趣小组活动以后，十分开心。她对李秋园说："园园，咱们一起参加舞蹈小组吧！学习舞蹈不仅能够锻炼身体，还能让我们多会一门才艺，简直是一举两得啊！"

李秋园面对球球的提议，并没有表现出很大的兴趣。她对球球说："你自己去吧，我又没有什么舞蹈基础，去了肯定会拖大家的后腿，很丢人的。"

球球听了，劝说李秋园道："没关系的，我也没有什么基础，大家一起去玩儿吗，一边玩一边学习一些舞蹈知识，没有人会嘲笑你的。"

任凭球球怎么劝说，李秋园都不为所动，球球只得自己去参加了。而李秋园总是觉得自己没有基础，自信心不足使得她一个兴趣小组都没有参加，最终什么收获都没有。

☆ ☆ ☆

故事中的李秋园是一个缺乏自信心的女孩，对于学习才艺，她总是觉得自己没有什么天赋，所以不敢去接触。其实，任何人在学习一项事物的时候，都是从一无所知开始的，女孩不应对此感到害怕和恐慌，要多学一些知识，知识掌握得多了，自然就会提升自己的自信心，以后在面对任何事物的时候都不会感到束手无策。

女孩要有好气质

☆☆☆

李丽媛是一个小学五年级的女孩，她性格开朗直率，爱好广泛。

李丽媛小的时候便跟着奶奶一起学习国画，虽说没有什么特别大的成就，但是也算略有所通。

小学一年级时，李丽媛又对唱歌产生了兴趣，她请求妈妈送她去学唱歌，妈妈非常痛快地答应了她。

李丽媛学了一段时间后，恰逢学校里组织歌唱比赛，李丽媛代表班级大展所长，为班级赢得了荣耀，也为自己赢得了称赞。

此后，李丽媛更加喜欢发展自己的课外兴趣。她参加了班级里组织的几个兴趣小组，广泛涉猎，对于每种艺术活动都有所了解，同学们都非常崇拜她，把她封为"小才女"。

李丽媛还经常组织大家一起去郊游、写生，教大家一些简单的绘画知识。

她还打算在升入初中以后去参加一个舞蹈培训班，学习一些舞蹈技能，让自己的知识范围不只是局限于课本，还要注重其他方面的发展，这样才能越来越博学。

☆☆☆

故事中的女孩李丽媛聪明伶俐、自信率真，想做什么便不会犹犹豫豫，而是当机立断地去执行。在她的心里，多懂一些知识总是没什么坏处的，别有那么多的顾虑，放手去做就好。这样的想法是很正确的。女孩就是要趁着青春年少，多学一些知识，多掌握一些技能。

那么，是不是见到一门才艺，女孩就要去学习一番呢？

并不是这样的。虽然多涉猎一些才艺并不是坏事，但女孩也要量力而为，不能见一门学一门，见音乐好听就去学音乐，见画画好看就去学画画。女孩还是要根据自身的条件来有选择地进行学习。女孩要在自身条件允许的情况下，尽可能地多了解一些艺术知识，这对女孩未来的人生道路一定会产生良好的影响，会使女孩的气质更出众，魅力更上一层楼。

另外，很多女孩都是依靠父母来选择学习什么才艺，所以很多时候，女孩学习才艺是为了满足父母的期望，或是为了能够在同学面前炫耀一下。但是，女孩应该明白，每种才艺都有其独特之处，我们应该用心地去感受它们，了解它们。

那么，女孩应该如何选择才艺呢？

首先，女孩要学会独立思考。思考自己为什么要学习才艺，思考才艺中的魅力，思考才艺能够为我们带来什么，思考才艺应该如何去学习。

其次，女孩可以通过在网上查阅资料或是请教家长和老师的方式去了解才艺。我国的古典才艺可以让女孩学会淡雅，现代奔放的才艺可以为女孩带来热情，不论是端庄的舞蹈还是悠扬的琴声都可以让女孩收益颇多。

最后，女孩可以在了解的基础上去更加深入地学习。由于精力和天赋不同，每个人的收获也会有所差别，但是结果都会是好的。所以，女孩可以自信地、全身心地去学习每一种才艺，丰富女孩的课余生活。

艺术不是用来攀比的

女孩的心从小就比较细腻，对周围的变化十分在意和敏感，时刻都想让自己变得出众、有气质。于是，女孩就想到了用艺术来提升气质的办法。但是，很多女孩在提升自己艺术修养的时候，却是抱着攀比的心在学习。为了让自己变得更出众、更出色，别人会什么，女孩也要逼迫自己学会什么，以为这样就能受到艺术的熏陶，以为这样就会胜人一筹。其实，这样做，受到不良影响的只会是女孩本身，对他人并没有任何的影响。

☆ ☆ ☆

董文秋从小就很喜欢和艺术相关的东西，书法、绘画、音乐，等等，几乎琴棋书画无所不学，无所不会。但是，对于这些爱好，她也仅仅停留在"会"这一层面上，样样都会，却没有一样是精通的。

原来，董文秋从小就自尊心强，立志要做一个有气质、有内涵、有品位的高雅女人。因此，她在追求高气质的同时，还想要事事比别人强。

别人会画画，她马上也去学画画；别人会唱歌，她也去学唱歌；别人书法练得不错，她也像模像样地报了个书法班。

总有一股攀比心理，让她今天学这个，明天学那个，誓要把周围的人都比下去，可她真的喜欢艺术吗？

答案是否定的。她只是喜欢安静地做个气质美人，并不想付出太多努力，也更不想成为艺术家。她只是不想被别人比下去，期望能够获得更多的关注而已。

突然有一天，她发现班上有一个同学会雕刻，大家都很喜欢她雕出来的东西，不管是什么都雕得栩栩如生。同学们一下子全聚集到她的周围，赞美声、惊叹声让董文秋十分羡慕。

"我也要学雕刻！"她心里想。

回家之后，她找了很多这方面的资料，还找来木料和刻刀，谁知半天都没雕出任何东西，还差点儿把自己的手划破。

董文秋又急又气，呜呜地哭了起来。

☆ ☆ ☆

在进行才艺学习的时候，女孩要考虑自己擅长哪一方面，而不是因为要和别人攀比才学习某项才艺，这样只会让女孩一事无成，什么也学不会。女孩在学习才艺时要有自己的主见，明白自己真正想要的是什么，要相信自己，但也不能过于自负。每个人都有自己擅长的优点，要接受别人比自己强大。

☆ ☆ ☆

周青青从小学习钢琴，一双手既修长又漂亮，整个人也散发着不一样的气质，是同学们眼中的"魅力女神"。

同学们谈起她的时候，都会说："周青青是弹钢琴的，可厉害了，是未来的大音乐家、大钢琴家呢。"

听了大家的夸赞，周青青也十分自豪和得意。但渐渐地，她就有点得意过头了，经常一开口说话就是："我可是学钢琴的……"总是一副高高在上的样子。

有一天，班里来了名转校生，也是个艺术生。不过，和周青青不同的是，对方是学画画的，绘画造诣十分了得。

会画画的女孩叫江小美，一转学过来就受到了同学们的热烈欢迎。大家知道她画画水平很高，又待人和蔼，同学们就隔三岔五地请她画画。只要有时间，她也很乐意满足大家的要求。

"江小美，你帮我画幅画吧，就画这张图片里的景色，我最喜欢这幅景色了。可惜是杂志上的，我本来想剪下来装裱起来的，可惜剪坏了。"

"那我帮你画在大一点的纸上，这样你就能装裱起来天天欣赏啦。"江小美笑道。

"好啊好啊，谢谢你。"同学听后十分开心。

渐渐地，同学们越来越喜欢江小美，而对周青青的关注少了很多。

周青青很不开心，有一天回家后，突然对妈妈说："妈妈，我想学画画。"

"学画画？你不是最喜欢弹钢琴吗？在你小时候，本来妈妈是想让你学画画的，可你就是不喜欢，现在钢琴弹得好好的，为什么又喜欢上画画了？"妈妈不解地问。

周青青想了想，说："班里来了个会画画的转校生，同学们都很喜欢她。有什么了不起的，我也可以学会画画，帮大家画东西的。"

"就为了这个原因？你这不是攀比吗？"妈妈生气地说，"艺术是用来欣赏和热爱的，不是用来攀比的。如果你真喜欢画画，真有天赋，妈妈肯定支持你。如果只是为了自己的攀比心，妈妈不会同意的。你自己好好想想吧。"

见妈妈这么严肃地对自己说教，周青青感觉十分委屈。她只是想在同学之间更受欢迎、更有气质和魅力，她哪里做错了！

☆☆☆

攀比是一种极端的心理障碍和行为，是由女孩虚荣心、自尊心过重引起的。当女孩发现其他人在某些方面比自己强时，因为强烈的虚荣，就会对对方产生极大的嫉妒心理。进一步发展，就会形成攀比心理，希望自己变得比别人强。

面对攀比心理，女孩应该怎样调节自己呢？

首先，女孩可以给自己积极向上的正向暗示，不能看到比自己强的人就产生消极的心理。女孩要学会自我肯定，肯定自己的能力，提升自己的自信心。女孩要知道，世界上能力出众的人有很多，你不可能超过每一个人，但是你只要有上进心，能正确地调整自己的心态，就同样有可能成为其中的一员，但是前提是你要为之付出辛苦和努力。

其次，女孩要不断地提升自己的能力，收获更好的自己。攀比心理很大程度上是因为女孩"技不如人"造成的。只要女孩不断地提升自己的实力，不断地培养自信心，自然就会慢慢消除负面的攀比心理，留下正面的、积极的情绪激励自己。

热爱让艺术与气质融为一体

很多时候，女孩学习艺术只是为了培养自己的气质，想通过艺术来丰富自己的内涵，让自己与众不同。但是，如果你问女孩喜不喜欢艺术，那么很多女孩可能回答不上来。女孩只是认为，学习艺术有好处，所以就去学，去了解，但不是真正从内心去喜欢艺术的。

☆ ☆ ☆

王晓薇是一名初中女生，一直以来，她都没学过一项才艺。

最近爸爸妈妈终于答应帮她报个才艺班，但是让她自己决定要学什么。

王晓薇想了好久都不知道该学什么，所以，报才艺班的事情也就一拖再拖，都拖了一个多星期了。

"这周你一定要定下来学什么，否则就过了报名时间了，到时候你可不要怪爸爸妈妈不让你学才艺。"这一天一大早，妈妈就下了最后通牒，王晓薇急得连连点头。

后来，王晓薇就去学校上学了。但是她整个上午都心事重重，心里一直在想着报名的事情，上课始终无法认真听讲。最后，老师实在看不下去，就点了她几次名。

下课后，同桌丽丽问她："晓薇，你今天生病了吗？怎么总是走神。下节课可是班主任的课，你可千万不能走神了。"

王晓薇的班主任是出了名的严厉，要是被她发现在她的课上走神，肯定要被狠狠地批评一顿。

"我也不想走神啊，可是，我心里很烦。"王晓薇苦恼地说。

丽丽关心地问："怎么了？不会是真的生病了吧？"

"那倒没有。"王晓薇说，"你还记得我跟你说过，我妈妈答应帮我报才艺班的事情吗？"

"记得啊，你还特别高兴呢，难道是太难学了？"丽丽问。

王晓薇摇头说道："我还没报名呢。"

"什么？都这么久了，还没报名？难道是你妈妈反悔了？不想让你学了？"丽丽吃惊地问。

王晓薇连忙摇头说："没有，我妈妈没有反悔，只是……她让我自己决定报什么才艺，可是我不知道报什么好。"

"不知道？"丽丽十分吃惊地看着她："怎么会不知道呢？当然是喜欢什么就报什么啊。你最喜欢哪项才艺？"

"我……我不知道啊。"这才是王晓薇真正苦恼的问题，连她自己都不知道自己喜欢什么、擅长什么，只是想学一项才艺。

"怎么会不知道啊……你画画不错，嗓子也很好，可以从这两个里面选一个。"丽丽帮她出主意。

"还可以这样选吗？"王晓薇有些拿不定主意。她虽然画画不错，但也只是偶尔的兴趣。嗓子很好，也只是因为喜欢唱歌罢了。

她把这些跟丽丽说了一遍，丽丽双眼发亮，激动地说："只要喜欢就够了啊，那你就去学唱歌吧。嗓子好听，又喜欢唱，这不是正合适吗？"

"可是……不是应该有那种热爱得死去活来的，非学这一样不可的感觉，才算是喜欢，才算是真正想学的吗？"王晓薇一直想找的，就是这种非它不可的一项才艺。

没想到，丽丽听了她的话后，却扑哧一声笑了出来。

她说："你是活在小说里吗？热爱才艺有时候只是单纯地喜欢做这件事情，并不需要那么深刻的感情啊。"

王晓薇恍然大悟。原来，自己以前一直是误解了喜欢的含义。她确实很喜欢唱歌，每当她唱歌的时候，丽丽总是说她身上会"发光"一样，感觉十分有气质。

现在一想，她马上就想通了。当天放学后就跑回了家，告诉妈妈她想学唱歌，妈妈第二天就带着她去报名了。

☆☆☆

热爱能让艺术与女孩的气质融为一体，但热爱也并不是像小说、电视剧里的那些情节一样，有那么深刻的情愫。只要是喜欢的，慢慢地，都有可能发展为热爱的事物。所以，女孩在一开始接触艺术时，不用过于紧张和害怕，放心大胆地慢慢摸索就行了。

那么，女孩应该怎样培养对艺术的热爱呢？

其实，大部分女孩对艺术的热爱是天生的。因为艺术是美丽的，是有无穷魅力的，而女孩天生爱美，自然也就喜欢美丽的事物。

想要培养自己对艺术的热爱，女孩可以多参加一些和艺术相关的活动。比如，画展、音乐会、书法比赛等。这些都能让女孩多与艺术元素接触，培养自己对艺术的热爱，让自己在无形之中既了解了相关知识，又提升了自己的涵养和气质。一举多得，何乐而不为呢？

第八章

气质其实藏不住

——女孩的气质体现在一言一行中

　　气质并不是体现在女孩姣好的外貌上的，空有美丽的面庞而没有优雅得体的言行举止，一样会让人觉得女孩无礼，没有魅力和气质。女孩要让自己时刻保持微笑，待人有礼，多夸多赞；行为上不粗鲁，语言上不粗俗，这样才能绽放出气质的花朵，让女孩处处受欢迎。

礼多人不怪

中国是礼仪之邦，最注重的就是文明礼仪。很多时候，一个人有没有气质我们只能凭外表去猜测，不能马上确认。但是，有没有礼貌我们只要一接触就能一清二楚。有礼貌的女孩往往能让她更有亲切感，使女孩看起来更具气质特征。因此，在很多时候，懂礼仪的女孩更让人觉得有气质，也更能讨人喜欢。

☆☆☆

佳乐今年十二岁了，正是开始叛逆不服从命令的年纪。她见到人不是爱答不理，就是毫无礼貌可言，这让妈妈很是发愁。

有一次，邻居来家里做客，妈妈让佳乐拿出一些水果来招待客人。

佳乐满脸不高兴地说："为什么要让我去？我正看电视呢。"

在客人面前，妈妈不想训斥她，就说："快去吧，妈妈昨天买了你爱吃的草莓，你洗点草莓，再拿点其他水果让肖阿姨吃。"

佳乐一听有爱吃的草莓，这才不情不愿地去拿水果。

不一会儿，佳乐一手端着一盘儿草莓，一手端着一盘儿苹果回到了客厅。

"给，你们吃苹果吧，我去吃草莓了。"佳乐放下苹果说道。

妈妈眉头一皱，说："那么多草莓你哪儿吃得完，让肖阿姨也尝一尝，你吃一半，放下一半。"

"不行，这是我爱吃的，谁也不给。"佳乐说着就跑回了自己的房间。

妈妈尴尬极了，连忙向邻居道歉，邻居也不自在，只坐了一会儿就离开了。

佳乐除了爱吃草莓，还爱吃哈密瓜。

有一次，爸爸出差回来带了几个香甜的哈密瓜，佳乐高兴坏了，正计划着几天吃完，妈妈却决定分两个瓜给邻居肖阿姨。

"凭什么要把我的哈密瓜分出去，我不同意。"她嚷道。

"上次肖阿姨给我们送来了她老家的特产，我们回一些礼是应该的。"妈妈严肃认真地对佳乐说，"再说，这是爸爸买回来的，怎么就成了你专有的哈密瓜了？做人要懂得最基本的礼仪才行啊！"

"什么礼仪不礼仪的，我才不管，她爱送特产，她送她的，我才不把我爱吃的送出去呢。"说着，还真像护食的小狗一样，吃力地把所有哈密瓜都放到了她的房间。

爸爸妈妈无奈地摇头，不知道拿她怎么办才好。

☆ ☆ ☆

故事中的佳乐很没有礼貌，不仅怠慢家里的来客，还不准父母"回礼"，这是错误的行为。中国有句古话叫"礼尚往来"。就是说，人与人之间礼节上应该常有来往，你对我好，我也会对你好；你送我礼物，我也得回你礼物。这样的交往才是长长久久的，才是真心实意的。

另外，"来的都是客"。无论是自己的小伙伴还是父母的同事、朋友，来到自己的家中，女孩都应该礼貌对待。会客时面带微笑，常把"欢迎""您好"挂在嘴边，这样才是懂礼节的气质女孩。

☆ ☆ ☆

唐朝贞观年间，西域回纥国作为大唐的藩国，想要表示对大唐的友好之情，决定运送一批珍奇异宝去往大唐。

负责运送的是使者缅伯高，他要把这批珍宝亲自送予唐王，以示臣好。而在这批贡物中，有一只珍贵的白天鹅，为了能使白天鹅平安无恙地到达大唐，一路上，缅伯高十分尽心地照料着这只白天鹅，不仅时时查看，还亲自给白天鹅喂食喂水，丝毫不敢怠慢。

因为这只白天鹅十分珍贵，他们把它关在了漂亮的笼子里，防止它逃跑或受伤。

有一天，队伍来到一条溪河边，出使成员正好又累又渴，就停下来休息。缅伯高也盛了溪水让白天鹅喝，但白天鹅只是伸长脖子，张着嘴巴，吃力地喘息着，一点水也不喝。

这可怎么办？这只白天鹅被关在笼子里，应该是很伤心难过吧。

缅伯高心中不忍，便打开笼子，把白天鹅带到水边让它喝了个痛快。

谁知白天鹅喝足了水，却一扇翅膀，"扑棱棱"地飞上了天。

缅伯高情急之下向前一扑，可也只是捡到了几根白色的羽毛。

不一会儿，白天鹅就飞没影儿了，而缅伯高捧着几根雪白的鹅毛着起了急。这可怎么办？现在拿什么去见唐太宗呢？回去吗？办事不力，他又怎敢去见回纥国王呢！

思前想后，缅伯高决定继续东行。他拿出一块洁白的绸子，小心翼翼地把鹅毛包好，又在绸子上题了一首诗："天鹅贡唐朝，山重路更遥。沔阳河失宝，回纥情难抛。上奉唐天子，请罪缅伯高。物轻人意重，千里送鹅毛！"

后来，唐太宗看了那首诗，又听了缅伯高的诉说，非但没有怪罪他，反而觉得缅伯高忠诚老实，不辱使命，重重地赏赐了他。

☆ ☆ ☆

这就是著名的"千里送鹅毛"的故事。我们常说"礼轻情意重"，或是"礼多人不怪"，这都是因为我们重视文明礼仪，重视个人修养与气质。一个有气质的女孩在接待客人时，可能会因为年龄的关系想不周全，但绝对是彬彬有礼、气质有佳的。

有时候，女孩可能会觉得招待自己的好朋友时就不必热情周到了，因为关系好，不必在乎这些"虚礼"。而事实上，越是熟悉的、关系好的人，女孩越要以礼相待，热情周到。这是对对方的一种尊重，是自己气质的表现，不能因为任何原因而有懈怠的思想。

另外，当女孩收到来自他人赠送的礼物后，也要准备一些回礼送给对方。如果暂时没有合适的回礼，也要在以后找机会回送礼物。在挑选礼物的时候，女孩不要把礼物价格的贵贱和情谊的厚重挂钩，只要是女孩真情实感用心准备的礼物，都可以回送对方，不一定非得追求高价格与奢侈。

微笑让气质更温婉

日常生活中有这样一句话："微笑的女孩运气不会差。"也就是说，爱笑的女孩运气会比较好。为什么会有这种说法呢？有些女孩可能会觉得这是迷信的说法，不可信。但事实上，这并不是迷信，也不是假的，喜欢笑的女孩确实会好运傍身。

这是因为，微笑是世界上最美的表情。让这个世界灿烂的不是阳光，而是微笑。而爱笑的女孩性格更好，气质更佳，更能让人产生好感，愿意给予帮助。获得的帮助多了，女孩自然会事事顺利，一帆风顺。

☆ ☆ ☆

玉铃是个比较严肃的女孩，小小年纪却很少露出笑容，这让很多想和她交朋友的同龄人不敢轻易接近她。

有一次，玉铃所在的学校和市里另一所学校举办了一次跨校联谊活动，两个学校的同学们聚集在一起，进行一些生动有趣的活动，还有很多新颖的教学体验。这让同学们都十分兴奋，都兴冲冲地考虑自己要参与哪场活动。

"我要去体验视觉盛宴课，听说有最先进的视频播放技术，肯定很不错。"一名同学说。

另一名同学笑道："我对联想授课法感兴趣，我要去听一听对方学校的特殊教学法。"

"哎，这位同学，你……"一名同学本来想要询问身边的人对什么感兴趣。不料一抬头，看到的却是玉铃面无表情的脸，吓得连忙收了音。

玉铃眉头一皱，闷闷不乐地走开了。

"好吓人，她怎么从来都不笑啊！"刚才想问话的同学拍着胸脯说道。

"不知道，明明长得挺漂亮，怎么总是阴沉着一张脸，怪吓人的，我都不敢和她说话。"另一名同学说。

"对啊，我刚才不就吓得止了话音。太可怕了，小小年纪跟老女巫似的，总板着脸，笑一下能怎么样？"

"没准人家性格比较沉稳，天生不爱笑呢，别背后乱议论。"又一名同学劝道。

玉铃隐约听到了一些同学们的议论声，她不由得低下了头，心里十分难过。

她其实也想笑对人生，可是她又觉得生活中并没有那么多可以让人高兴的事情，所以就变成了现在这样，对人无法展露出笑容，连个朋友也交不上。

☆ ☆ ☆

笑是这个世界上最好的礼物。但是，很多女孩因为各种原因而无法开怀大笑，或者只是从内心里展露笑容。比如，生活在家庭氛围比较严肃的女孩。当然，也有些女孩天生不爱笑，总是露出一张严肃的脸。但不可否认，笑容能拉近人与人之间的关系，使女孩气质更柔和温婉。

☆ ☆ ☆

有两个小女孩是双胞胎姐妹，姐姐活泼开朗，十分爱笑，见谁都会笑着问一声好，而妹妹却和姐姐完全相反，整天阴沉着脸，好像谁欠她钱一样，一笑不笑。

有一次，家里来了客人，一位阿姨带着她三岁的儿子过来玩儿，双胞胎姐妹都很喜欢小朋友，姐妹俩热情地招待了起来。

姐姐拿出一堆玩具，教小男孩怎么玩，小男孩高兴地一直拍手叫好。妹妹也拿出了自己的玩具，想和他们一起玩，但没过一会儿，小男孩却哇哇地哭了起来。

"怎么了？为什么哭起来了？"阿姨走过来问。

"不知道啊。"姐姐说。

妹妹也面无表情地摇了摇头。

阿姨想把哭个不停的小男孩抱走，小男孩却抱着姐姐的胳膊不松手，嘴里喊着："玩，玩，我要玩。"

"看来小宝很喜欢和姐姐们玩啊，那不哭了，姐姐们可不喜欢和爱哭的孩子玩。"阿姨哄道。

小男孩一听，就不再哭了。但当阿姨要把他放到妹妹身边时，他又大声哭了起来。

"不要，不要这个，要和笑笑的姐姐玩。"小男孩磕磕巴巴地哭着说。

大家这才明白过来，是妹妹过于严肃的模样吓到了小男孩，小男孩以为妹妹不喜欢他，所以他才害怕得哭了起来。

妹妹知道缘由后也很尴尬，这让她有点受打击。她想，小孩子更喜欢爱笑的姐姐，我是不是应该做出一些改变呢？就算不能变得像姐姐那么开朗爱笑，但也不能太阴沉无趣了。

☆ ☆ ☆

"微笑不花费什么成本，但能创造许多价值。微笑使接受它的人变得富裕，而又不使给予的人变得贫瘠。微笑在一刹那间产生，却给人留下永恒的记忆。"这是喜剧大师斯提德说过的一句关于微笑的话，很有道理，很值得女孩们借鉴和学习。

微笑的女孩更有亲和力，更有气质。不论是谁，都喜欢和性格开朗的女孩做朋友。如果女孩个性沉闷，经常愁眉苦脸或者板着一张脸，那么大家肯定会对女孩产生不太好的印象，让周围的人不敢主动接近她，更别提和她交朋友了。没有朋友的相伴，女孩也会受到影响，使自己的心情变得烦闷，不再自信、坚强，最终影响个人气质的展现。

那么，女孩该如何保持微笑才能提升自己的温婉气质呢？

首先，女孩要拥有乐观向上的生活态度，笑对生活中的挫折。当有不开心的事发生时，女孩要学会排遣自己内心的烦闷，消除内心的不良情绪。女孩可以通过培养自己的兴趣爱好来排解心中的烦闷。比如，唱歌、跳舞等，这些活动都能有效地帮助女孩转移注意力，使女孩快速开心起来。

另外，女孩每天出门以前，可以对着镜子里的自己笑一笑，告诉自己要笑对人生，微笑待人。闲暇时，女孩也可以多看一些笑话或者喜剧，让自己处于快乐之中，笑着走出一片新天地。

不要吝啬自己的赞美

赞美别人，是一件利人又利己的事情。网络上有这样一句话："赞美仿佛是用一支火把照亮别人的生活，也照亮自己的心田。"虽然我们不知道这句话到底是谁说的，但它很有道理。赞美可以推动人与人之间的友好关系，还可以消除人际矛盾，这是一件极好的事情。女孩不要吝啬自己的赞美，让别人在你的赞美中感到快乐，会让女孩收获一份真挚的友谊。

☆ ☆ ☆

小美从小就是个"皮孩子"，一点都没有女孩子的文静模样。因为太调皮，她身上被"贴"了很多不太好的"标签"，淘气、不听话、任性、等等，反正没有一个是赞美她的。

一开始，小美还有些委屈，但时间一长，连她自己都认为自己是一个"坏孩子"。反正已经这样了，也就没必要学好了，于是她自暴自弃起来。

这一天，班里来了位转校生，是个既文静又美丽的女孩子，一看就和小美是完全相反的类型。

本来小美以为和转校生不会有什么交集，谁知道老师把转校生安排成了她的同桌，这让她浑身不自在。

"你好，我叫玲玲，以后咱们就是同桌了，请多关照啊。"玲玲甜甜地说道。

"哦，多关照多关照。"小美说。

很快到了放学的时间，小美刚想像以前一样风风火火地跑出教室时，却听到同桌玲玲说："小美，你真是太棒了，既勇敢又讲义气，我一直想拥有像你这样的好朋友呢。"

"啊？我很棒？你没搞错吧？"第一次听到有人夸奖自己，小美瞪大了眼睛，很不理解。

"怎么会搞错呢？体育课的时候，有个同学被隔壁班的人推了一把，你上去帮同班同学理论，一点儿也不害怕对方是个男孩子。还有，你跑起步来像风一样，手工也做得特别好，我都做不到呢。你太厉害了，真的很棒。"玲玲的话中透着真诚，说得小美不好意思地挠起了头，嘿嘿直笑："我真没你说得那么好，我就是一个皮孩子，没有女孩愿意和我做朋友的。"

"才不是呢，我就很想做你的朋友啊。"玲玲说道。

"真的？那好，以后咱们就是好朋友了。"小美笑道："谢谢你的赞美，让我终于有点儿自信了。"

"是赞美，也是实话。"玲玲一边说，一边和她结伴走出了教室。

☆ ☆ ☆

俗话说，"赠人玫瑰，手有余香"。赞美也是一种"赠花"行为，只不过，赠花赠的是美丽的事物，而赞美"赠"的是真挚的诚意。学会赞美别人，可以使女孩的心灵在欣赏与赞美中得到净化，能让人与人之间多一分理解，少一分戒备；多一分温暖，少一分冷漠。

当然，赞美别人，不是廉价的吹捧，不是无原则的你好我好大家好，不是投其所好的精神按摩。女孩在赞美别人的时候，要发自内心地去评价，要言之有物，真情实意。女孩要知道，真诚而友善地赞美别人是一种修养，是一种美德，是一种良好的心态，更是一种高尚的境界，能在愉悦他人的同时提升自己的形象，给自己的气质加分。

☆ ☆ ☆

周末的时候，张语佳跟着妈妈一块去小姨家做客。刚到小姨家门口，张语佳就闻到了香喷喷的饭菜香味，馋得她口水都快流出来了。

"小姨，你又做什么好吃的了？厨艺又大涨啊！"张语佳边说边走进了厨房。

小姨做饭特别好吃，张语佳每次都吃得盆干碗净，十分满足。当然，她也不忘记夸奖小姨一番，每次都把小姨夸得笑个不停。

今天也一样，一听到她的赞美声，小姨就笑弯了腰。

"我们的小甜嘴来啦，快过来，尝尝小姨新学的这道菜味道怎么样？"小姨夹起一块肉送进她嘴里。

"不用尝也知道特别好吃。"张语佳满嘴留香，赞美的话也脱口而出。

这时候，妈妈走了进来，假装吃醋般说道："都没见你这样夸过妈妈，难道只有小姨做的饭才好吃？"

"对啊。"没想到，张语佳还一口承认了，"妈妈做的饭不如小姨做得好吃，但是妈妈温柔大方，我总是夸妈妈漂亮。如果我夸妈妈厨艺好，您高兴吗？"

"这倒是，我会觉得你是在拍我马屁，哈哈哈……"妈妈也被她逗乐了。

很快，小姨就把饭菜全做好了，两家人坐在一起，愉快地享用起了美食。

☆ ☆ ☆

在现在这个社会中，人与人之间的关系是复杂多变的，这与人的素质高低、气质高低有着很大的关系。女孩因为年龄小的原因，很多时候会有一些不尽如人意的表现，进而影响到个人的气质和修养。这时候该怎么办呢？气质不够，赞美来凑！一个会赞美他人的女孩，更容易获得他人的谅解和好感，让他人逐渐忘却女孩身上的不足，愿意和她来往。

不过，在赞美他人的时候，女孩要注意，赞美一定要情真意切，不能为了迎合或拍马屁而去赞美他人。虽然人都喜欢听赞美的话，但并非什么赞美都能使对方高兴。能引起对方好感的只能是那些基于事实、发自内心的赞美。所以，女孩的赞美如果没能赞到点儿上，不仅不会赢得对方的好感，还会给人一种虚伪、油嘴滑舌的不良印象。

有时候，女孩可能会遇到一些有很多缺点的人，这样的人难道也要赞美吗？这样的人身上有什么优点可赞美呢？这样的情况也不是没有。但只要是人，就有优点和缺点。有些人表现出来的优点更多，有些人表现出来的缺点更多。这时候该怎么办呢？面对满身都是缺点的人，女孩也要学会称赞他。女孩要学会观察他人，在无数的缺点中找到对方妥当之处，进行赞美和夸奖，也许会有意想不到的收获。所以，女孩们不要吝啬自己的赞美。也许，你不经意的一次赞美，会产生无限的快乐和奇迹。

不做"长舌妇"

现实生活中，人们对那些喜欢搬弄是非、爱说闲话的人称作"长舌妇"。这类人喜欢在别人背后说三道四，什么事到了她们嘴里就会被传得神乎其神、歪乎其歪，还有可能被添油加醋，变成另外的一个版本，对当事人造成严重的影响。

长舌妇不光是指成人，在孩子的世界也普遍存在，尤其是在女孩之间。

☆ ☆ ☆

景然有一个外号叫"大嘴巴"。

原来，只要是她知道的事情，最后都会被传开，几乎会达到人尽皆知的地步。因此，了解景然的人从来不会把重要的事情告诉她，以防她的"大嘴巴"把事情传出去。

这一天，景然在放学回家的路上，看到一个男人和一个女人在大街上激烈地争吵起来，后来甚至还动起手来。

"嘿，真丢人，竟然在街上大打出手，也不知道是什么人。"她小声嘀咕道。

就在她准备转身离开的时候，她看到同班同学小姜哭着跑了过来，竟然跑到打架的一男一女中间，哭喊道："爸爸妈妈，你们别吵也别打了。"

"竟然是小姜的爸爸和妈妈。平时在学校经常说她父母关系多么好，多么疼她，现在看来，也不过如此吗。"仅凭这一件事，景然就想象出了小姜平时"凄惨"的生活，她决定明天到学校后一定要把"真相"告诉同学们。

果然，第二天，景然一到学校就开始四处"传播"小姜父母在街头吵架的事情，还添油加醋地乱说了一通。

等到小姜到达学校的时候，班里大部分同学都用异样的眼神看着她。

"你们怎么了？为什么这样看着我？"小姜奇怪地问。

"小姜，你受苦了，以后有什么事一定要告诉我们，我们一定会想办法帮助你的。"班里一个女同学红着眼睛说道。

另一名女同学也连连点头。

"什么受不受苦的？我怎么了？你们不会是中邪着魔了吧？"小姜满脸不解。

"嘿，我昨天都看到了，你爸爸妈妈关系那么不好，你平时在家肯定受了不少苦啊。"景然不怕死地凑了过来，状似诚恳地说道。

小姜这才明白是怎么一回事，气得浑身发抖。

"景然你个'大嘴巴'，我昨天在街上看到你就觉得没好事，果然今天你就在这里胡说了。我爸爸妈妈感情好着呢，你别在这里胡说八道。"

原来，昨天小姜父母吵架是因为给奶奶治病的钱差点丢了，两个人着急上火，才吵了起来。其实，平时两个人的关系特别好。后来好心人把钱送了回来，误会解除，两个人早就和好如初，互相道歉了。没想到今天被同学一说，好像她们家多么不堪一样。

小姜气得好几天都没有和景然说话。

其他同学知道了事情的真相后，也尴尬地不想和景然讲话。景然噘着嘴小声嘀咕道："我又不知道，我只是讲我看到的事实，哼！"

☆ ☆ ☆

俗话说："三个女人一台戏。"其潜在意思就是说女孩爱说三道四，有"长舌妇"的潜质。女孩虽然还不能完全称之为女人，但也一样如此，总是喜欢在背后说人是非，依靠这种"共同的话题"来巩固友谊。似乎只有一起在背后说点闲话，才是真正的知己好友。

其实，这样的行为毫无意义，是一种损人不利己的行为。

☆ ☆ ☆

肖乐乐走进教室，看见第一排有几个女生正埋着头叽叽喳喳的，她觉得好奇，就凑了过去，只听她们说道：

"肖乐乐像个疯丫头似的，天天和男生打打闹闹，一点都不注意自己的形象。"

"而且还总是装模作样的，以为自己有多漂亮，其实长得挺一般的。"

"就是，我最看不惯她这一点了。"

"还有，她的成绩也不怎么样，还天天吵着要当班长，她也不看看自己是不是当班长的料，太没有自知之明了。"

……

肖乐乐听得十分委屈，那些男生都是她的哥哥弟弟，她也想和女孩子一起玩耍啊。

原来，肖乐乐是家中独女，她几个叔伯姨舅家生的都是男孩，她这一辈儿只有她一个女孩，所以备受家里人疼爱。家里人经常嘱咐她那些哥哥弟弟，一定要照顾好她，所以她走到哪，都被照顾得很好。

后来上学了，和她在一个学校的哥哥弟弟们也都十分照顾她，谁欺负她都会被恐吓威胁一番。

后来，几个女生你一句我一句还在说个不停，肖乐乐听到后十分生气，就吼道："你们胡说什么呢？真是一群'长舌妇'！"

几个女生被吓了一大跳，赶紧结束了刚才的话题，也不敢回她的话。

接下来的几天里，肖乐乐的心情一直很不好。她没有想到，平时和自己有说有笑的同学竟然在背后讲她的闲话。她很受打击，再也不想和那些人来往了。

☆ ☆ ☆

在学校里，我们经常会发现故事中的情境：几个女生凑在一起说其他同学的闲话，一旦被当事人知道了，不是大吵一架，就是结成"死敌"，经常换着法儿地在背后说对方点儿坏话；而对方就像故事中的肖乐乐一样，被同学们说闲话后，她的心情很糟糕，学习和生活都受到了影响。

现实生活中，女孩在背后议论他人似乎成了一种乐趣，女孩自己并没有意识到这种行为有多么伤人，只有事情轮到自己头上，自己成为被他人议论的对象时，才会体会到这种伤害有多深，有多大。

女孩们在一起谈天说地本是好事，但背后议论他人就有点不道德了。这样做既伤害了对方，又对自己毫无益处。

举止粗鲁，气质全无

粗鲁，是一个贬义词，是行为、言语粗野鲁莽的意思。在日常生活中，我们会很自然地觉得女孩就应该是文静温雅的，和粗鲁这样的词汇完全搭不上边。但事实是，现在很多女孩行为粗鲁，性格狂暴，言语粗俗，毫无气质可言。

☆ ☆ ☆

温小丽是个活泼可爱又有点俏皮的女孩，如果只从她的外表看，大家会觉得这个小女孩很不错，但一见到她的行为、听到她的话语，你就不觉得她形象好啦，会恨不得马上离她远远的。

原来，温小丽说话爱带脏字，不管什么时候，只要开口，就爱说脏话。

爸爸妈妈无数次地提醒她，让她注意点自己的形象，不要口出脏话。但她从来没把这件事当回事儿，反而觉得这样说话十分有气势，不愿意做出改变。

温小丽特别喜欢运动，尤其是喜欢踢足球。

这一天，她和几名熟识的男生约好了一块儿去参加足球比赛。

到达球场后，对方球员看到她也参与踢球，就有点不高兴了。

"怎么还有女孩子啊，这样怎么踢球？"对方球员不停地抱怨着，想让温小丽他们换球员。

温小丽一听，也不高兴了。

"女孩怎么了？女孩就不能踢球了吗？"她抗议道。

"女孩能踢球，但不能和男生踢。"对方回答道。

"切！放屁！你算什么东西，敢说女生不能和男生踢球？"没说两句话，温小丽就开始说脏话了，还粗鲁地撸起衣袖，一副想打架的样子。

"嘿，你的嘴巴真脏呀！"

"什么？我嘴巴哪脏了？"

"我们说你嘴巴脏，是因为你说脏话了呀！"男孩们哈哈大笑起来。温小丽既生气又尴尬，不知道说什么才好，气呼呼地转身跑回家去了。

☆☆☆

现在的生活节奏日益加快，压力变大的不仅是成人，还有孩子。女孩的承压能力更小，所以，为了释放她们心中的压力，很多女孩选择了一些较为暴力的行为方式。比如，说脏话、打架斗殴等。女孩嘴里时不时地说出一些脏话，会让人听了非常刺耳，就像故事中的温小丽一样，会让人嘲笑是个"嘴脏"的孩子。

其实，很多时候，女孩并没有意识到自己做出了粗鲁的行为。她们在日常生活中已经形成了这样的习惯，在她们的世界里，这才是正常的。但在有修养、有气质的人眼中，这样的女孩很粗鲁，根本没有气质。

☆ ☆ ☆

黄英英是一个漂亮的女孩，很多人初见她时，都会把她当作一个有教养、有气质的小淑女。但在和她有过短暂的接触后，就纷纷对她失去了良好的印象，认为她是一个不折不扣的粗鲁人。

这是怎么回事呢？

原来，黄英英有一个不好的行为习惯，就是她习惯一边说话，一边抠鼻孔。这让周围的人在和她交谈的时候十分难受，认为自己受到了侮辱，没有得到黄英英的尊重。

有一次，黄英英报了一个英语学习班，第一天上课的时候，她认识了一个很不错的女孩，就愉快地和她交谈了起来。

但聊了没几句，对方皱起了眉头，不开心地问道："你这样是什么意思？觉得我不配和你说话吗？"

"啊？怎么了？"黄英英疑惑不解。

女孩指着她的手和鼻子问："你为什么一直在抠鼻孔，还一边抠一边朝我弹手指？是在侮辱我吗？"

"我……我没有……"她摆着手说，这才意识到自己刚才真的在抠鼻子，只好尴尬地摇着头说，"我，我不知道，我完全没有意识到自己的行为。"

"对不起。"她真挚地向女孩道歉。

女孩见她态度不错，就原谅了她，对她说："看来你真的是无意识产生的行为，但是这样显得你真的很粗鲁，很没有修养。为什么不尝试改变这个行为呢？"

"我自己都没意识到的行为，怎么能改过来呢？"黄英英苦恼道。

"没关系，我来帮你。"女孩热情地对她说，"我会监督你，帮助你的。"

"谢谢！"黄英英很庆幸自己报了这个英语学习班，不仅认识了一位好朋友，还有能改变自己不良习惯的机会，真是太好了。

☆ ☆ ☆

一个举止优雅的女孩会给人留下亲切温雅的印象，而举止粗鲁的女孩则相反，会在与人交往中，产生一些不必要的误会。就像故事中的黄英英一样，因为无意识的一个不雅动作，让新认识的朋友对她产生了误解，差点错失了一场美好的友情。幸好黄英英本性不坏，及时认识到自己的不当行为给自己和别人带来的不良影响，积极配合纠正，挽救了一场友情。

那么，女孩平时应该怎么"修炼"自己，让自己远离粗鲁行为呢？

首先，女孩要善于言谈，与人交谈时多用敬语，多使用礼貌用语，让自己先成为一个有礼貌的人。比如日常生活中常说"请""谢谢""您"等字词，还要掌握一些日常礼貌用语的用法：初次见面称"久仰"；很久不见称"久违"；麻烦别人称"打扰"；托人办事称"拜托"。掌握了这些礼貌用语，女孩在和他人交往中会更加顺利的。

其次，女孩要在日常生活中多注意自己的一言一行，及时意识到自己有哪些行为不雅观，要及时制止，积极改正。在待人接物中，女孩要约束和规范自己的行为举止，不能出现夸张或不雅的行为，这样会让他人对自己产生不好的印象，影响正常交际，还有可能造成不必要的误会，产生不必要的矛盾。

第九章

衣品见气质

——天生丽质也要会穿搭

俗话说"人靠衣裳，马靠鞍"。女孩要想突出自己的气质，一定要学会正确地穿衣佩饰。在挑选衣物时，不要看别人穿的好看就往自己身上套，应该选那些适合自己的，这样才能突出女孩独有的气质。面对时尚潮流，女孩也要理智对待。有时候，潮流的东西，可能只适合欣赏，而不适合穿在身上。

适合自己的才是最好的

随着时代的发展，物质生活的不断提升，女孩们对自己的要求不再仅仅是为了衣食无忧，而是有了更高的追求。女孩们随着时尚浪潮的不断变化，小小年纪便学会了穿衣打扮，"臭"美起来了。女孩常会听到父母抱怨："她才多大，就知道臭美了，今天要穿这个，明天要穿那个的，越来越难伺候了。"面对这样的"指责"，女孩心里也十分不服气。她们觉得既然有好的选择，为什么不把自己打扮得漂亮一点呢？再说了，只是穿几件漂亮衣服而已，又不是奢侈品，父母为什么要有那么大的反应呢？

☆ ☆ ☆

张媛媛是一名刚升入初中的女孩。

这一天，到了新生报到的日子，张媛媛一大早就兴高采烈地做起了准备。

她把自己的衣服放满了整张床，一会儿拿起一件蓝色的裙子放在身前比画，一会儿又拿起一件紫色的上衣放在身前比画。

选来选去，张媛媛都不知道要穿什么去学校报道。

"媛媛，换好衣服了吗？我们该出门了。"妈妈在门外催促道。

"我不知道穿什么。"她觉得今天算是个大日子，一定要把自己打扮得漂亮一点，给同学们留下一个好印象，这样以后大家才能更好地相处，才能成为好朋友。

妈妈敲门进来，看到她还没有换好衣服，就着急地说："你再不穿好衣服，第一天上学就要迟到了。"

张媛媛一听也着急了，她拿起两件衣服，问妈妈："妈妈，您觉得这两件衣服哪套好看？"

本来这两件衣服都挺漂亮，这是以前父母带着她出去参加活动而准备的，现在她是去学校上学，如果穿得像个"公主"一样，感觉太夸张了。

于是，妈妈摇头说："你就穿那身休闲装，这两件不适合你。"

但张媛媛就认定了这两件，她说："我就觉得这两件漂亮啊，只要我穿上，肯定是合适的，妈妈凭什么让我穿得那么老土？"

张媛媛不顾妈妈的反对，穿了一套特别华丽的公主裙。结果一到学校，她就傻眼了，大家都穿得干净利落，只有她穿得像个"异类"。她一整天都觉得别人在用异样的眼神看她，十分不自在。

☆ ☆ ☆

其实，面对女孩对衣着的追求，并不是父母的反应大，而是女孩的衣品太夸张。有时候，明明不适合自己，非要穿在身上，毫无美感可言不说，还有可能徒增笑柄。

我们知道，穿衣打扮虽说是"表面功夫"，但它也是给别人留下第一印象的重点。作为孩子，女孩的基本穿着就该有孩子样，有学生样。如果一个学生非要穿得时尚成熟，那么只会让人觉得她是一个"另类"，不像样子。

☆ ☆ ☆

周末的时候，杨乐春和好朋友白灵灵约好了一起去买衣服。

白灵灵想买一件漂亮的裙子，杨乐春的裤子已经旧了，所以她想买一条牛仔裤。

　　两个人很快就坐车到了购物广场。货比三家后，她们选择了一家衣服质量好、价格又很实惠的服装店。

　　"我想要一条裙子。"白灵灵对店员说。

　　店员帮白灵灵拿来了三条不同款式的裙子供她选择。

　　但是白灵灵都觉得不太满意，她说："我感觉这三条都不太漂亮啊。"

　　店员笑道："你们现在还是学生，所以我帮你选择的都是适合学生穿的，平时不管是在校外还是校内，都可以穿的。"

　　店员一边说，一边拿起裙子在白灵灵身上比画着。

　　"看，这条裙子多适合你啊。"店员说。

　　"我想要那条带蕾丝的。"白灵灵指着模特身上的一条裙子说道。

　　店员有些为难，她说："那条裙子不太适合学生穿。而且，那条裙子有点长，等你再长高点穿着才好看。"

　　"我不管，我就看上那条了，我要买那条，你帮我装起来吧。"白灵灵连试都不试，直接掏钱要买下来。

　　顾客花钱要买，店员也没理由拒绝。店员无奈地拿袋子给她装了起来。

　　不过，店员还是比较不错的，她叮嘱道："你先别拆标签，回去后如果觉得不合适，还能在七天内来更换。"

　　杨乐春本来也想劝她的，但见"专业"的店员都没有劝住她，就闭上了嘴。

　　不过，杨乐春接受了店员的建议，买了一条既耐穿又耐脏的牛仔裤，高兴地回家了。

一段时间后，杨乐春发现白灵灵一直没穿过那条蕾丝裙子，问她也是闭口不谈，似乎十分不高兴。

☆ ☆ ☆

其实，女孩选择衣服除了漂亮之外，还要看它适不适合自己。只有适合自己的形象和气质的衣服才是最好的。

那么，女孩应该怎样挑选适合自己的衣服呢？

首先，女孩的衣着打扮要符合自己的身份和年龄。

另外，女孩也要注意，在家以外的场合不要穿背心、拖鞋。不要过早地学习成年女性的衣着，尽量不要佩戴手链、项链、耳环等饰物。这些都不是身为学生的女孩该有的装扮。除了衣物，女孩在挑选鞋子的时候也要注意，不能过早地穿高跟鞋，不管是为了追求美丽，还是为了"增高"而穿带根的鞋子，都会对女孩产生不良的影响。在学生时代，女孩还是应以球鞋或平底鞋为主。

"潮流"也要理智追随

潮流是一种流行趋势，是一种人人向往且追随的事物。现在，很多女孩为了追求美丽而开始追逐潮流。穿最时髦的衣服，戴最流行的饰品，仿佛跟不上潮流就会成为一个"土老帽"，会被人耻笑一样。有些女孩追逐潮流追得有些分寸，还有些女孩在追逐潮流的道路上回不了头，明明还是学生，却越追越远，越追越超前，一点学生的样子也没有了。

☆ ☆ ☆

张小海作为一名女孩，她从很小的时候就懂得"臭美"了。

刚升入初中，张小海就开始偷偷用妈妈的化妆品打扮自己。后来，她有了自己的零花钱，也不乱花，等攒够了钱，全部用来买最新潮的衣服和化妆品。

有一次，她发现了一本时尚杂志，里面有很多专门为青少年设计的时尚衣物，不仅漂亮，还紧跟时尚潮流，总是走在时尚最前沿。

张小海如获至宝，每期杂志都会买下来，以便了解时下最流行的元素，然后购买。

一开始，她还会有选择地购买，选一些不太突兀的时尚产品购买。后来，她只要有钱就会买一堆流行的衣物和饰品。但是这些东西中的大部分都十分超前，并不适合一个女学生佩戴穿着。

但是，张小海觉得自己是一个时尚达人，就应该做他人不敢做的事情，就应该走在大家的前面。因为不敢在家里穿戴，所以，她就把那些时尚品带到学校，在学校里穿戴。

刚开始，她只是佩戴一些夸张的饰品，老师虽然看在眼里，但并没有觉得太出格，也就随她去了。她见老师并没有制止，胆子就大了起来，完全按照时尚杂志里的搭配方案来穿衣打扮。结果，好好的一个学生，每天打扮得像个"小太妹"一样。

这样一来，老师肯定不会再放任她。可是被批评几次后，她仍是没有停止她追逐潮流的脚步。

☆ ☆ ☆

追逐时尚潮流固然能为女孩带来美丽的外表，但过分追逐潮流的话，只会让女孩徒有其表，而无内涵。有人说，我们每个人就好比是一间屋子，如果把一个人的内在修养和知识储备看作房子里的布局和陈设，那么，一个人的外在仪表就是房子的玻璃窗。透过窗子，我们能一清二楚地看到女孩的内在，不要以为把自己打扮得时尚潮流，就会让自己的内在也变得有内涵、有气质。只有理智的追潮流，才能既收获美丽，又穿出内涵。

☆ ☆ ☆

安巧巧是一个时尚女孩，如果你问她学习上的问题，她可能答不上来，但如果问她关于时尚潮流方面的问题，她就会如数家珍，说得头头是道。

安巧巧有一个明星偶像，她特别喜欢那个明星的穿衣风格，每次她都会积极地关注对方的活动，追踪她的行迹。当得知明星的最新穿衣风格后，她马上就会买一套类似风格的衣物穿在自己身上，想象自己也成了明星，受万众瞩目。

有一次，那个明星穿了一件暴露的露脐装，安巧巧明知道身为一名学生不应该穿这样的衣服，但她还是赶到商场买了一套。第二天还穿到了学校里，结果被老师狠狠地批评了一顿。

但这样仍没有使她恢复理智，她还是盲目地跟随着那个明星的脚步。见对方穿什么，她就买什么、穿什么，并且还越穿越夸张，越穿越过分。

父母也为此苦恼着，几次劝她，她都不听。后来，她干脆把衣服藏在书包里，偷偷地穿。

☆ ☆ ☆

聪明的女孩最理智。也就是说，女孩在追求潮流时也要有理智，不能盲目跟风。要拥有得体的仪表，这样女孩才能给人留下好的印象，才能让他人发现自己内在的美，才能获得他人的欣赏和关爱。

女孩要知道，并不是穿华丽的服饰、戴新潮的饰品才能变得漂亮，才是时尚达人。女孩要培养正确的审美观，不要把自己打扮得油头粉面；要知道什么是美、什么是正确的审美，要理智地对待时尚潮流。

女孩要知道，人最重要的不是外在美，而是心灵美。女孩还要拥有良好的个性和品质，千万不要受外界信息的误导，形成错误的审美观。女孩不要太在意衣着打扮方面的事情，不要因衣着时尚而自傲，也不要因衣着朴素而自卑。女孩要做真正的自己，理智地跟随潮流，培养自己的内涵，让自己成为一个有气质的人。

穿什么自己定

有时候，女孩会过于在意周围人的眼光，在穿衣打扮上总是听取周围人的意见，当自己做主的时候，却不知道该如何是好。有时候，女孩决定了穿什么衣服后，朋友一说难看，女孩也会跟着拒绝穿这件衣服。但是，拒绝之后该穿什么、该怎么穿，女孩自己又十分茫然，完全没有主见。

☆ ☆ ☆

一个节假日的时候，周海曼约了几个好朋友一起去买衣服。

周海曼看上了一件白色T恤，她觉得挺朴素，应该适合自己穿。但是朋友小油说："这件T恤这么素，穿着一点特色也没有。你买这件吧，花色漂亮，还时髦。"

周海曼拿起小油说的那件T恤，确实挺好看，但就是因为太好看了，她感觉并不适合自己穿。

"这件衣服，我穿不合适吧。"她犹豫不决道。

"怎么不合适呢？我看挺好。"小油说。

另一个朋友小夏却说："我看也不合适，海曼肤色比较深，穿这么花的衣服，会显得更黑的。还是穿这件吧，既有花色，又显得比较干净，我看挺不错。"

周海曼接过小夏推荐的那件T恤，觉得也不错，但她仍觉得不太适合自己。

"我，我还是喜欢之前那件白色的。"她小声说道。

"那件衣服太难看了。"小油皱紧眉头。

"对啊，土老帽才穿那么土的衣服呢。"小夏也连连点头。

两个朋友都不同意她要那件白色T恤，周海曼只好打消了自己的念头。她左手拿着小油推荐的T恤，右手拿着小夏推荐的T恤，犹豫不决。

"我推荐的那件好看。"小油说。

"我推荐的那件才好看呢。"小夏说。

"我的。"

"选我的。"

两个人竟然因为选哪件衣服争执了起来，最后齐声问周海曼："你穿哪件，你定吧。"

"我，我也不知道。"其实，周海曼还是想穿自己看上的那件白色的，但又不想伤朋友的心，只好无助地站在那里，拿不定主意。

见她犹豫不决，两个朋友反而不高兴了。

小油说："你想穿哪件衣服还不知道？你有没有脑子啊？"

小夏也说："想穿哪件就穿哪件，你现在这个样子，好像我们在逼你一样，多难受。"

周海曼却只知道一个劲儿地摇头，现在，她也不知道自己到底应该选哪件衣服了。

☆ ☆ ☆

在穿什么衣服、做什么装扮这件事上，女孩要学会听从自己的内心，想穿什么就穿什么。也可以听取朋友的意见，但采不采纳，女孩要学会自己去判断。

很多时候，女孩一听别人的意见就不知道该怎么办了。就像故事中的周海曼一样，明明心里喜欢那件白色的T恤，但两个朋友的意见一出，她就完全没了主意。这是没有主见的表现。因此，女孩在日常生活中要更自信一点，要有自己的主见，要相信自己的眼光。

女孩真的无法做出判断的时候，可以把每件衣服都试一遍，在镜子里观看自己穿上后的效果，观察哪件衣服更适合自己的气质，再从衣料的舒适度及质量等方面进行比对，进行选择。

另外，女孩在无法做出选择的时候，也可以参考平时的穿衣风格，先不要急于做出突破或改变，保持以往的穿衣风格总没错。

奇装异服并不美

时代在进步，社会在发展，在国际化的大趋势下，如今的穿衣风格出现了多种多样的变化。比如，欧美风、韩风等。但有些女孩在追求时尚、美丽的时候，竟然"不好好穿衣服"了。各式各样的奇装异服出现在女孩的身上，彰显着女孩别致的性格的同时，也让人们对这类女孩避而远之。在大街上，经常会有人一看到穿着怪异的女孩不是指指点点，就是掉头避开，把女孩当成猛兽一样看待。如此看来，女孩身上的奇装异服并没有给女孩带来与众不同的美，相反，却大大降低了女孩的气质，让女孩失去了美的魅力。

☆ ☆ ☆

白桃从小就长得漂亮，身材也高挑，是朋友眼里的"衣服架子"，不管穿什么都好看。

有一次，白桃和两个朋友去逛街，看到了一件骷髅装。她觉得十分时尚，想要尝试一下。

"你们说，我穿这件骷髅装好看吗？"白桃问。

朋友许莲看了看说："这也太怪异了吧，咱们是学生，穿这些奇装异服干什么？"

"只是衣服上画了个骷髅，怎么就是奇装异服了？我觉得很有时尚感啊，难道你们不觉得吗？"白桃不死心地又问另一个朋友小雁。

没想到小雁也摇了摇头，说："我也觉得这件衣服不太好，怪吓人的。"

"你们的思想都太刻板了。"白桃一边说，一边带着她们进了服装店，对店员说："美女姐姐，我要试试这件衣服。"

"小妹妹，这件是男装，这边有女装，都是新款衣裙，你们来看看这边的衣服吧。"店员说。

"是男装？"白桃虽然十分诧异，但还是不想放弃，于是说道："你们这不是有小号的吗？我骨架比较宽，穿得下，你拿一个小号让我试试。"

"这……好吧，我给你拿一件去。"店员边说边从库房里拿出了一件小号的骷髅装。

白桃高兴地去试衣间换好了衣服。

出来后，白桃在镜子前照来照去，左看看右瞧瞧，十分满意。

但两个朋友就没那么满意了。

"这件衣服太大了，穿着很肥，不舒服吧？"小雁问。

许莲点了点头，也说衣服有点肥大。"而且，感觉你梳着长发穿着这么一件衣服，很怪异，男不男女不女的。"

"我觉得挺好看啊。"白桃却是越看越觉得这件衣服顺眼，"大不了我去把头发剪短了，再打个耳洞，怎么样？"

她越说越起劲儿，却没看到两个朋友的嘴巴已经吓得大张着合不上了。

"你中邪了吧？"小雁夸张地说道，"为了这么一件奇装异服，你竟然要把头发剪掉？"

"对啊，多可惜啊，还要打耳洞，你是进入叛逆期了吗？"许莲也很不理解。

其实，她们不知道，白桃一直很喜欢穿奇装异服。她觉得这样才会有特色，才会表现出和常人不一样的美。所以，她不顾朋友的劝解，毅然决然地买下了这件骷髅装，甚至还在两天后偷偷打了耳洞，只是为了能让自己变得更"美"。

☆☆☆

女孩追求个性和美丽我们可以接受，但为了美和个性而做出一些怪异的举动，就有点不合适了。处在学生时代的女孩，穿着打扮应该以洁净、整齐为主，一个穿着干净利落的女孩总是比穿着怪异的女孩更令人赏心悦目，更让人觉得气质温婉出众，更讨人喜欢。

除了奇装异服，现在还有一些女孩明明可以把身上的衣服穿得漂漂亮亮的，却不好好穿。衣服松松垮垮、扣子不系好、皮带掉一边、鞋带绑成花、帽子歪着戴，等等，根本让人们欣赏不到女孩的美，反而让人们看到的是一个叛逆不羁的"野丫头"。

所以，女孩一定要端正自己的审美观。不管穿什么，始终要保持衣服鞋帽的整洁，不管在什么场合，所穿的服装一定要平整，不要让他人对女孩产生不好的印象，否则会影响女孩的气质和形象。

装饰品不是越多越好

女人天生爱美，大多数女孩都喜欢漂亮的衣服、漂亮的饰品及其他漂亮的东西，这是很正常的现象。但是，因为爱美而把自己打扮得过于华丽，就过犹不及了。

☆ ☆ ☆

刘珊珊是个爱美的女孩，但是，她的爱美方式和其他人不太一样。其他女孩爱美可能会穿漂亮的衣服，可能会化美丽的妆容，但是刘珊珊爱美是喜欢在身上佩戴各种各样的装饰品。

而且，她喜欢把认为漂亮的装饰品都佩戴在身上，以为这样就会变得更美。

比如，她喜欢带发饰。平常的女孩也就是在头上戴一两个发饰，但刘珊珊能戴得满头都是。红的、绿的、蓝的、白的，花花绿绿，戴一脑袋。

别人看到她的满头发饰会觉得很尴尬，可她却觉得很得意，认为这样的自己才是最美丽、最时尚，也最有气质的。

有一次，刘珊珊又戴了一头的发卡去学校，连老师看到她那一头的"闪光体"都觉得头疼，更别提同学们了。

"珊珊，你就不能少戴点发卡吗？"她的同桌小薇问道。

刘珊珊摸了摸头上的发卡，说："我觉得戴得越多越好看啊！你看我现在这个样子多漂亮啊，难道你不觉得这样的我很有大家闺秀的气质吗？"

"没觉得。"小薇认真地说道："我只觉得你像只招摇的花蝴蝶，一点儿美感也没有。"

"你胡说，这些发卡都这么漂亮，我戴着怎么可能不好看呢？"她生气地质问。

小薇说："每个发卡单戴着是很好看，但你戴得太多了就不好看了。"

"这是为什么啊？"刘珊珊不解。

小薇耐心地解释道："因为都好看，你就把它们都戴在头上，我们到底看哪个啊？眼睛都看花了，哪还知道好看不好看，只觉得眼花缭乱。"

"……"刘珊珊说不出话来。虽然她感觉小薇说得很有道理，但她还是觉得要尽量多戴点饰品，才会显出自己出众的气质。

还有一次，她发现了一间新开业的饰品店。因为是开在学校附近，价格都比较实惠。刘珊珊高兴坏了，一放学就跑进了饰品店，在里面挑挑选选，遇到好看的小饰品就拿下，看到漂亮的小玩意就放进购物筐，不一会儿，就选了满满一小筐。

"小姑娘，你要买这么多东西吗？"连店里的老板娘都惊呆了，再三问她，"确定是你一个人要用的吗？这太多了，你如果喜欢，可以先买几种，剩下的以后慢慢买啊。"

"你这个老板娘真奇怪，我买东西你还不乐意啊。我每天都要戴很多饰品，这些还不够我戴几天的呢，你快结账吧。"刘珊珊不耐烦地说道。

见她一意孤行，老板娘也没说什么，赶紧给她结了账。

☆ ☆ ☆

故事中的刘珊珊喜欢用饰品装扮自己，这也是现在很多女孩喜欢做的行为。给自己选个漂亮的发卡、精致的发圈，这些都是无可厚非的，但像刘珊珊这样，恨不得戴满头饰品就有点过分了。现实生活中也有一些这样的例子，虽然不像刘珊珊这样戴满头饰品，但也是认为饰品应该多多益善，因此经常在身上佩戴很多饰品，以期提升自己的气质。

但事实却正好相反。过多的饰品只会喧宾夺主，让人们只注意到女孩身上的饰品，而忽略了女孩自身的光彩。

那么，女孩在佩戴饰品时，应该注意哪些问题呢？

首先，女孩在佩戴饰品时，要选择适合自己的。要从年龄、气质等各方面来进行判断，选择符合自己形象的饰品佩戴。不要佩戴过于成熟艳丽的饰品，避免让饰品的光彩超过女孩本身的气质。

其次，女孩的饰品要简而精。要选择简朴精致的饰品，而不是靠数量来"取胜"。

第十章

淡妆浓抹要相宜

——会装扮为女孩锦上添花

　　女孩爱美是天性，根据自己的气质化适当的妆容能有效提升女孩的形象。但是，如果把化妆看得过重，甚至因此而影响到了女孩的正常生活和学习，这就有些过分了。淡妆浓抹要相宜，这样才能为女孩锦上添花，才能使女孩的气质更出众。

爱装扮并不是"坏女孩"

爱美之心，人皆有之。女孩爱美并不是什么坏事，喜欢装扮自己也并不是说自己会成为"坏女孩"。有些女孩在面对化妆这件事时，存在一定的误解，认为只有"坏女孩"才会装扮自己，才会画一脸的妆容。其实并不是这样的。任何人都有爱美的心，只要爱美，就会希望自己能够拥有完美的容颜，自然也就会产生想要装扮自己的想法。这是人之常情，并不是什么不好的想法，女孩不要因为这一点而误解化妆打扮这件事。

☆☆☆

冯云和杨盼盼是一对好朋友，两个人从小学开始就在一个学校，升入初中后，又进入了同一所学校。幸运的是，两个人还被分到了同一个班级，这让两个女孩十分开心。

"嘿，真高兴我们被分到了一个班。"冯云高兴地说。

"对啊，可惜我们不是同桌，要不然该多好啊。"杨盼盼还是有些遗憾地说。

冯云却不这样想，她说："这样已经很不错了，回头调座位的时候，咱们和老师说一说，争取成为同桌。"

"嗯，只能这样了。"杨盼盼说着话，突然想起一件事来，神秘兮兮地向冯云招手，"这个周末，你来我家玩吧，我有好东西给你玩。"

"好啊，什么东西这么神秘？"冯云问道。

"嘿嘿，先不告诉你，这是秘密。"杨盼盼说完，就和她告别回自己家去了。

没几天，就到了周末，冯云依约来到了杨盼盼家。

杨盼盼家里只有她一个人在。

"快进来，来我房间，我有好东西给你看。"一进门，杨盼盼就神神秘秘地把她拉进了自己的房间，然后拿出了一个小提包。

"看，都是好东西吧。"杨盼盼打开提包，拿出里面各种各样的化妆品炫耀道，"这可是我存了好久的零花钱买来的，赶紧趁我爸妈没在，咱们试试吧。"

"你怎么买这些东西？"冯云看着小包里的眉笔、口红等东西，眉头皱得紧紧地，"这些都是坏女孩用的东西，你快扔掉，别变成坏女孩了。"

"这怎么就是坏女孩用的东西了？"听到冯云的话后，杨盼盼很伤心。她本来以为好朋友也会像自己一样，希望自己变得越来越漂亮，才分享了自己好不容易得来的"宝贝"，结果现在在朋友眼中，自己反倒快要变成坏女孩了。

"女孩都爱漂亮，我只是想变得漂亮点儿，哪错了？"她气愤地问道。

冯云回答不出来。但在她看来，那些臭美爱打扮的女孩都是"坏孩子"的典范，好女孩才不会喜欢化妆呢。

☆ ☆ ☆

适当地打扮自己并不是一件坏事，反而还会提升自己的形象和气质，让自己看起来更加美好。所以，女孩不要把化妆当成"猛兽"，不要认为一旦沾上了化妆，自己就会变成"恶魔"。这些想法是很片面的，女孩要正确看待化妆这件事。

☆ ☆ ☆

刘芳菲正是爱美的年纪，但她发觉不管自己怎样护肤，总是不如班里的一些女生"漂亮"。

她所说的漂亮，是说那些女生看起来总是感觉比她更"唇红齿白"一些，她不管怎么做，都做不到这一点。

难道别人是"天生丽质"，而她比较像"无颜女"？

这样的认知让她接受不了。

一次意外让她得知，原来，其他女同学之所以容颜精致，完全是化妆的功劳。

原来，渐渐长大后，女孩都开始了爱美，有些女孩就学会了化妆，只不过因为学校不允许化妆，所以她们妆化得比较淡，这才使得她们看起来更自然、更健康、更美丽。

"哼！坏女孩才学化妆呢。"其实，刘芳菲也羡慕那些会化妆的女孩，但她不会，只好酸溜溜地诋毁那些会化妆的女孩。

"嘿，你在这里说什么呢？"她正小声嘀咕呢，身后突然传来好朋友的声音，吓了她一大跳。

"你刚才是不是说化妆的女生不是好人呢？"好朋友问道。

刘芳菲连忙去堵她的嘴："别乱说，让别人听到要生气的。"

"那你还说。"好朋友笑道。

"我，我就是随便说说吗。"刘芳菲不自在地低下了头。

好朋友嘿嘿笑了两声，小声对她说："其实我也化妆了，你觉得我是坏女孩吗？"

"什么？你也化妆了？你会化妆？"刘芳菲以前没注意过，现在近距离仔细观察后，才发现好朋友真的化了些淡妆，这太出人意料了。

"你怎么会是坏女孩呢，咱们这么多年的好朋友，我还不了解你。"她说。

"对啊，所以，咱们只是爱美罢了。"好朋友说，"你难道不爱美吗？"

"其实……"刘芳菲想了半天，终于下定决心，对好朋友说，"我只是不会化妆，才会那样说的。如果我也会化妆，我也希望自己可以变得漂亮点儿。"

"对啊，只要不是过于重视化妆，在不影响学习的情况下，咱们有追求美的权利。"好朋友笑道，"只要你想学，我来教你啊。"

"真的吗？谢谢你！"刘芳菲顿时高兴了起来。

☆ ☆ ☆

很多女孩其实并不是真的觉得化妆不好，而是她们不知道怎么装扮自己，所以才会抵触化妆这件事。其实，化妆就像学习，只要用心去学，慢慢研究，总有一天会学会如何恰当地装扮自己的。

如果女孩对化妆不太自信，那么可以结交一两个"化妆高手"，向她们请教，学习她们的化妆经验。这样，既能学会化妆技术，也能结交志同道合的朋友，一举两得，何乐而不为呢？

气质决定妆容

通过化妆，女孩可以提升自己的气色，让自己变得更加美丽动人。因此，很多女孩早早地就学会了化妆，以为通过化妆就能展现出自己独特的气质，就能有高人气。其实并非如此。每个人的气质是不一样的，如果一个气质温婉的女孩硬要化出一副冷硬干练的妆容，反而会显得不伦不类，使自己气质全无。

☆☆☆

女孩英兰逐渐长大了，同时也到了爱美的年纪。最近，她见身边的女同学都开始悄悄化起了妆，她也很想尝试一番。

于是，她用自己平时攒下的零花钱买了一些最基础的化妆品，也偷偷化起了妆。

练习了一段时间后，英兰觉得自己的化妆技术也算是能见人了，就在上学的时候尝试着化一些淡妆。

一开始，班上的女同学看到她也开始化妆了，就热情地招呼她"加入"她们的小团体，一起研究如何化好妆。

这可让英兰高兴坏了，她正愁怎样提高自己的化妆技术呢，现在有这么多的"同伴"聚在一起，大家一起研究，一起探索，她相信，要不了多久，她就能让自己的化妆技术突飞猛进。

但是一段时间之后，英兰却发现自己的化妆技术不进反退，有好几次还被老师发现化了妆，被点名批评了。

要知道，以前她虽然化妆，但都是很淡的，比较自然的妆容，现在却显得突兀起来，自然引起了老师的注意。

虽然她知道学生应该以学习为主，不应该小小年纪就学着"臭美"，但爱美之心人皆有之，她也不能免俗。

所以，她更加用了几分心思去研究如何化淡妆，最好自然到完全不会被人看出来化妆了。

但是刚尝试了一天，小团体里的一名女生就评价她的妆不明显，完全没有特色。

英兰十分犹豫，她觉得自己这样挺好的，但又觉得同学说的也有几分道理。一时间，她不知道该如何是好了。

☆☆☆

女孩要记住，化妆是为了愉悦自己，而不是为了取悦别人。女孩要时刻谨记，自己才是最了解自己的，才是自己最棒的化妆师。所以，女孩在化妆的时候，要根据自己的气质来决定妆容，不能因为别人喜欢什么妆而左右摇摆，化一个不适合自己的妆；也不能因为大家都化什么妆而跟风。

☆☆☆

韩秀秀刚开始学化妆，对化妆品和化妆技巧一点都不懂，所以一开始她买了很多化妆品。她一个一个地尝试，一种一种地试验，一直想找到适合自己的化妆品。

韩秀秀性格比较内敛，刚开始，她化了一对很浓密黑亮的眉毛，但是朋友看到后，都笑话她像个"傻子"，眉毛让她显得傻里傻气的。

后来，她又买了一支颜色红艳的口红，结果刚涂了一次，就又受到了朋友的嘲笑。

"你是吃了红药水了吗？这嘴红得也太吓人了。"朋友说。

韩秀秀大受打击。自己是不是不适合化妆啊？她这样想。

"化妆太难学了，每次化妆都失败，我以后不化妆了。"韩秀秀郁闷地跟朋友抱怨道。

朋友一听，连忙止住了笑，说道："并不是化妆难学，而是你还不了解自己。"

"化妆跟了解自己有什么关系？"韩秀秀疑惑不解地问。

朋友笑着回答道："只有了解了自己，才能知道自己是什么样的人，属于什么样的气质。只有了解了自己的气质特色，才能根据自己的特色化出适合自己的妆容。"

朋友说着，拿出了她的化妆品，帮她画了适合她的眉毛，涂了口红，果然，她马上变得和以前不一样了。

"原来化妆还有这么多学问，我以后有不懂的，还要请教你。"韩秀秀说。

"没问题。"朋友笑着答应道。

☆ ☆ ☆

想要化好妆，女孩要先了解自己的气质，要知道自己是什么样的人，属于什么样的类型，这样才能有目的地进行选择。女孩不仅要选择适合自己的化妆品，还要在化妆的时候注意细节，这样才能化出真正适合自己的妆。

那么，到底什么样的妆容才是适合自己的呢？这里面的学问很大，女孩只能凭借时间来慢慢积累经验。不过，我们这里也有一些技巧供女孩参考。

化妆首先就是打底。女孩在完成基础的护肤后，需要打底妆来提亮肤色，这是一个很重要的步骤。在上底妆的时候，女孩一定要注意手法。因为毛孔是从上向下生长的，所以底妆要从上向下抹，这样的顺序不会使毛孔堵塞，不会伤害皮肤。底妆也是多种多样的，女孩要选择适合自己肤色和肤质的底妆使用。

在画眉毛时，咱们亚洲人最好不要选过于浓黑的眉笔，下笔不要太重，眉头的颜色也不宜画得过重。因为眉头画得过重会让人有一种凶巴巴的感觉，不适合女孩温婉柔和的气质。

画好眼妆可以使女孩看起来更有神。在画眼妆时，因为女孩年龄的因素，不要选择浓涂艳抹式的眼妆，这样会使女孩显得过于成熟。画眼妆之前要先确定自己的眼间距和眼皮的宽度，根据这两点来确定自己的眼妆。

最后就是口红了。口红是女孩最喜欢也最离不开的一种化妆品。女孩在涂口红时尽量不要把嘴唇涂满，那样只会显得女孩嘴大。在选择口红颜色时，女孩要结合自己的肤色和唇色进行选择，不要盲目跟风，把自己涂成一个"血盆大口"，那样就完全没有气质可言了。

不要在装扮上浪费太多时间

想让自己的形象变得更好、更上一层楼是每个女孩的追求。为了能使自己的仪表精致到无可挑剔的地步，很多女孩会选择化妆来提升自己的形象。这虽然是个不错的办法，但有些女孩把大量的时间花在了化妆上，从而浪费了大把的青春。

☆ ☆ ☆

白蓉蓉是个很爱美的女孩，她每天都会花费大量的时间来化妆，只要有一点儿不满意的地方，她就会重新画一遍，直到满意为止。

同时，白蓉蓉也是一名学生。因为总是把时间用在化妆上，所以她上学经常迟到，一周至少会被老师点名三四次。

这一天，白蓉蓉又因为化妆迟到了。

班主任无奈地问她："你怎么总是迟到？"

白蓉蓉毫不隐瞒地回答道："我要穿衣打扮自己啊，不装扮好，我觉得没脸见人。"

班主任气得说不出话来，耐着性子对她说："就算你要化妆，可你化妆能用多少时间，就不能早起几分钟来选择衣服和化妆吗？"

她们学校对学生的要求比较宽松，允许学生适当地化妆和装扮自己。但是也没有像白蓉蓉这样，因为装扮自己而每天迟到的。

在班主任看来，穿衣打扮总共也花不了十分钟，她认为白蓉蓉一定是在说谎，一定是因为睡懒觉才迟到的。

没想到，白蓉蓉接下来的回答却让她大跌眼镜。

只听白蓉蓉说："几分钟怎么够我装扮好自己啊，怎么也得半个多小时吧，有时候甚至还得一个多小时呢。"

☆ ☆ ☆

女孩追求美是正常的，但把时间全都浪费在装扮自己身上，就不太妥当了。俗话说"一寸光阴一寸金"，女孩的青春也应该是宝贵且多彩的，不应该把时间只定格在装扮这件事上。如果把大把的时间都浪费在装扮自己身上，就算拥有了姣好的容貌、独特的气质，可是时间一去不复返了，又有什么意义呢？

☆ ☆ ☆

作为一名女生，星星虽然不怎么化妆，但她很喜欢装扮自己，每天都会把自己打扮得漂漂亮亮的再出门。

她每次打开衣柜，都会把衣服拿出来做各种各样的搭配，看一看怎么装扮才更好看。选好了衣服，她还要选配饰，还要选同款式的发卡、发圈，每天至少要花费半个多小时才能搭配好，再穿到身上。

妈妈总觉得她这样太浪费时间了，就劝她不要花这么多时间在装扮上。

但星星爱美，怎么也听不进妈妈的意见。

不过，她也觉得自己把大把的时间浪费在装扮上很不妥当，但又控制不住自己不去追求美丽。这可怎么办呢？星星为此十分苦恼。

有一天，妈妈突然说："我这几天观察了一下，你虽然每天早上都会搭配衣服饰品，但你的搭配方案比较固定，也就偶尔头饰有些改变。为什么不做一个固定成套的方案，一套衣物做一个搭配方案。这样，只要你想穿哪一套，直接按照方案来拿衣服就行了，偶尔想改变的时候，只调换一两样东西就可以了，这样不就能节省很多时间吗？"

星星一听，觉得妈妈说得很有道理，连忙点头说道："妈妈，您太棒了，我们就这样做吧。"

妈妈笑着说道："好，妈妈帮你一起搭配。再找几个衣袋，每个方案放在一个衣袋里，在外面写上标签，这样你拿取也方便。"

"对啊，这样我就不用每天提前起床，也不用担心上学迟到了。"星星一边说，一边高兴地拉着妈妈进房间整理衣服去了。

☆ ☆ ☆

女孩要让自己懂得时间的重要性，学会善于利用时间，把时间用在增加自己的学识和人生经验上，而不是浪费在外在形象上。虽然女孩的外在形象在某种程度上也很重要，但与时间是无法比的。所以，女孩不要把最美好的时间浪费在装扮自己这件事情上。让自己活得更有意义、活得更加精彩，比你拥有精致的形象要有意义得多。

为了不浪费时间，女孩可以做一个时间规划表，把自己的时间做一个整理和规划，允许自己有适当的装扮时间，但这些时间不能占用过多的比重，要把更多的时间用在有意义的、重要的事情上。比如，提升自己的水平、锻炼自己的能力等。这些事情都是很有意义的，可以让女孩活得更出色、更出彩。

会化妆不如会保养

现代社会，化妆成了女孩们日常生活中最重要的事。女孩们如果出门不化妆，就好像没穿衣服一样，浑身不自在。虽然让自己变得美丽动人是件好事，但化妆品中毕竟含有一定的化学成分，经常化妆或者使用不当，不仅不会使女孩变得美丽、有气质，还会伤害皮肤，使女孩出现各种各样的皮肤问题，甚至会加速女孩的衰老。

☆ ☆ ☆

薛小萍正是向往美丽的年纪，爱美的心一旦开始萌芽就会迅速生长。

这一天，薛小萍约了几个好友一起去购物。当走到化妆品柜台前时，薛小萍和几个朋友的脚就迈不动步了。估计没几个女孩能抵挡住化妆品的诱惑。

"你们看，柜台里的那些化妆品是不是在呼唤我快带它们走，快带它们回家！"薛小萍眼冒桃心，完全被柜台里摆放的化妆品吸引住了。

"嘿！你傻了吧？化妆品怎么会说话？就算会说，也是在请求我带它们回家。"一个朋友说道。

另一个朋友马上反驳道："明明是让我带它们走呢。"

"美女姐姐，这些化妆品好用吗？我的皮肤适合哪种化妆品？"薛小萍看了一会儿，决定询问一番。

专柜小姐也乐意接待像薛小萍她们这样的顾客，因为她们容易被引诱，她也容易成功推销产品。

"小妹妹，你皮肤这么白透，这款粉底液最适合你了。还有这款口红，最衬你的肤色了。"专柜小姐热情地推销着柜台上的化妆品。

"你这个年纪最是使用化妆品的黄金时期，不能浪费了自己的好底子，那样多可惜啊。"薛小萍和她的朋友们被专柜小姐的"专业"度折服，都觉得自己急需一款化妆品来改善自己的形象和气质。

最后，在专柜小姐的强烈推荐下，薛小萍购买了一套控油组合，还有一些美妆用品。她的朋友们也各自斩获了"适合"自己的"战利品"。

大家开开心心地回了家。

刚开始，薛小萍还沉醉在化妆品的魔力中，每天都把自己打扮得漂漂亮亮的，十分得意。可没过多久，薛小萍发现自己脸上开始冒痘痘，最后竟然满脸都长满了痘痘，这可吓坏了薛小萍。

她不知道是怎么回事，就又买了很多祛痘的化妆品。但越用，脸上的痘痘就越多，怎么也祛除不掉。这下，薛小萍慌了神，开始怀疑是化妆品的使用不当才导致的脸上长痘痘。

☆ ☆ ☆

其实，年轻的女孩并不需要使用那么多的化妆品。比起化妆，女孩更应该学的是护肤，只有学会如何保养皮肤，才会达到"永葆青春"的目的。使用过多的化妆品，反而会伤害皮肤，有时还会对皮肤产生一定的毒副作用，对皮肤造成不可逆转的伤害。

女孩在选择护肤品时也有很多的学问和讲究，一定要先了解自己的肤质，再选择适合自己的护肤品进行皮肤保养。每个女孩的肤质都不一样，大概可以分为几种不同的类型：油性皮肤、干性皮肤和综合性皮肤。女孩在购买护肤品时要有针对性，要针对自己的肤质选择有安全保障的护肤品。

而且，女孩的护肤品和化妆品要做到"精而少"。女孩的化妆品和护肤品不是越多越好，这里的"多"不仅指类型，还指品牌。女孩的皮肤本身就年轻，细腻富有光泽，只需要进行最基本的清洁和护理就可以了，不需要准备一大堆的瓶瓶罐罐，做过多的保养。保养过多，反而会给皮肤造成负担，使皮肤不能有效吸收化妆品中的有益物质，对皮肤造成不必要的伤害。

另外，想要保养皮肤，对女孩来说，有一个很简单的方法，那就是睡觉。我们经常听到女性朋友说"睡个美容觉"。充足、规律的睡眠能够让身体进行正常的新陈代谢，身体健康了，皮肤自然就会呈现出最好的状态，自然会让女孩的皮肤柔柔的、嫩嫩的。

女生的装扮要视场合而定

现在的女孩，只要出门，不管去哪儿都要化妆，仿佛不化妆就不能出门一样，甚至有些还在上学读书的女孩去学校上课也要化上浓浓的妆，以为这样就是美丽动人了。却不知在学生眼里，浓妆艳抹的女孩更像是"毁了容"，只会吓到人而不会让人心动。

☆ ☆ ☆

苏莹莹从小就很聪明，学习成绩一直名列前茅，是老师和父母眼中的栋梁之材。

但是，随着年龄的增长，身为女孩的苏莹莹比起学习，更在意起了自己的容貌。虽然她很聪明，但是她的相貌比较普通，一张大众脸属于扔在人群里几乎认不出来的那种。

苏莹莹因为这个原因一直闷闷不乐。后来，她知道了化妆这件事，心里很高兴。

"原来还有这样的办法。"苏莹莹高兴坏了，趁着周末买了很多化妆品，也不管它们适不适合自己。

化妆品买回来之后，她就按照网上教的教程学习化妆。因为经验不足，她并没有仔细挑选教程，随便选了一个职场小姐姐的化妆教程就学了起来。经过一番努力，她还真化出了一张不错的脸。

苏莹莹对此十分自豪，她决定下周上学的时候，就化这个妆。

很快，就到了周一的早上。苏莹莹早早地起床，吃完饭就把自己关在了洗手间里，认真地涂脂抹粉。半个小时后，终于觉得差不多了，美美地走出了家门。

在去学校的路上，苏莹莹感觉很多行人都在看她。她想，肯定是这些人都在欣赏她的"绝世"容颜。她心里美滋滋的，迈着轻快的步伐走进了教室。

没想到，刚进教室的门，同学们也都齐刷刷地抬起头来，张着大嘴望向她。

苏莹莹心中暗想：难道自己今天有这么漂亮，把他们震惊得都说不出话来了？

苏莹莹心里得意极了，昂着头走到自己的座位上，享受着同学们的注目，一种优越感油然而生。

但是，接下来，同桌的话将她打入了地狱。

同桌说："苏莹莹，你脑子没坏掉吧，上学涂这么艳的妆，像个歌厅舞娘一样。"

原来，大家这样看自己，不是因为自己有多么漂亮，而是……

苏莹莹又羞又恼，用最快的速度跑出教室，洗去了脸上的脂粉、口红。

☆ ☆ ☆

女孩爱美本无可厚非，但不分场合地胡乱化妆不仅不能提升自己的形象，还有可能弄巧成拙，使自己成为别人的"笑柄"。在不同的年龄阶段，女孩就要有该阶段的样子。比如，学生时期，女孩就应该有学生的样子，不是不可以化妆，但一定要掌握一个度。妆容应该以淡雅为主，可以适当地使用化妆品修饰脸上的瑕疵，但不能浓妆艳抹，这样只会让人觉得女孩没有学生的样子，不务正业，没有任何的气质和形象可言。

☆ ☆ ☆

程紫苏是一个刚学会化妆的新手。平时上课的时候，她基本不化什么妆，但在要参加重要场合的时候，她就会化妆，以此来提升自己的形象。

程紫苏有一名同学叫王灿，也是和她同一时间学习化妆的。她就和程紫苏不一样，几乎任何场合脸上都带着精致的妆容。

一个偶然的机会，王灿发现了程紫苏会化妆的"秘密"，就对她说："原来你也会化妆啊，为什么平时去学校不化妆呢？"

程紫苏笑道："我去学校是为了学习，只做最基础的皮肤保养就行了，化妆干什么啊？"

"可是昨天我在一个青少年活动晚会上看到你了，你明明化着妆呢。"王灿不解地看着她。

"你也说了，那是一个活动晚会，抛开学生的身份，那天晚上我最主要的身份是晚会的参与者，当然要穿着得体，妆容也要精致一点啊。"程紫苏耐心地回答道。

王灿听完，更加不解了。

"我还是不明白啊，学生和晚会参与者有什么不同吗？不都是你这个人吗？"她问。

"当然不一样了！不同的场合，就要有不同的装扮才行。"

虽然程紫苏这样告诉王灿，但王灿还是没有明白，只得闷闷不乐地走开了。

☆ ☆ ☆

莎士比亚说："人因为可爱才显得美丽。"所以，女孩的气质和性格更胜于容貌。但是，女孩适当地学习一些化妆技巧还是可以的。因为在未来的人生道路上，女孩会遇到各种各样的场合，提前学会一点化妆技巧，可以让女孩更加从容地面对。女孩要学会在不同的场合做不同的装扮。化妆也一样，要大方得体，要符合将要参与的场合，这样才能使女孩在未来的某个场合光彩照人，拥有出众的气质和魅力。